[英] 尼古拉斯·福克斯 著　张朋亮 译

GUANGXI NORMAL UNIVERSITY PRESS
广西师范大学出版社
·桂林·

XUNFU SHIJIAN: BUZHUO SHIGUANG ZHI LÜ
驯服时间：捕捉时光之旅

著作权合同登记号桂图登字：20-2023-091 号

图书在版编目（CIP）数据

驯服时间：捕捉时光之旅 /（英）尼古拉斯 • 福克斯著；
张朋亮译. --桂林：广西师范大学出版社，2023.10
书名原文：TIME TAMED
ISBN 978-7-5598-6301-0

Ⅰ. ①驯… Ⅱ. ①尼… ②张… Ⅲ. ①钟表－技术史－
世界 Ⅳ. ①TH714.5-091

中国国家版本馆 CIP 数据核字（2023）第 151514 号

广西师范大学出版社出版发行
（广西桂林市五里店路 9 号 邮政编码：541004
网址：http://www.bbtpress.com）
出版人：黄轩庄
全国新华书店经销
广西广大印务有限责任公司印刷
（桂林市临桂区秧塘工业园西城大道北侧广西师范大学出版社
集团有限公司创意产业园内 邮政编码：541199）
开本：880 mm × 1 240 mm 1/32
印张：10.625 字数：250 千
2023 年 10 月第 1 版 2023 年 10 月第 1 次印刷
定价：138.00 元

献给亚历山德拉（Alexandra）、麦克斯（Max）和弗雷迪（Freddie），
你们让时间放慢了脚步。

目　录

前言

本书并不打算写成一本有关钟表和计时器的严肃的技术论文，尽管书中可能会涉及一些设计精巧的钟表和计时器。本书也不是为探讨时间本质而撰写的学术性或哲学性著作（这种工作还是要交由真正的智者来完成）。此外，它也不应被视为对人类在过去的数千年里试图驯服时间的一种权威记述——因为这样的努力注定是徒劳的，恰如克努特国王[①]一般。

如果上述文段仍然阻挡不了您对本书的阅读兴趣，那么我建议您姑且将本书看成一本短篇故事集，故事之间的关联相对松散，每一节都可独立成篇，自成其乐；但如果您按照顺序来读，它们就会如同缀连起来的珍珠宝石一般，交相辉映，相得益彰。或者说，这至少是我的愿望——只希望我的文字能够担得起这种比喻。

不过，可以确定的是，书中所挑选的28件计时器都以各自的方式对历史有所贡献，并将带领我们踏上一段时光之旅：从中石器时代的苏格兰到堪称“美好时代”（Belle Époque）的巴黎，从地中海海底到月球表面，从查理曼王朝的宫廷到泛美航空波音客

①克努特国王（King Canute，995—1035），丹麦籍英格兰国王。相传，曾有朝臣谄媚地称他是海洋的统治者，连海水也会听命于他。于是，克努特下令将椅子放在海边，并坐在椅子上，命令海浪停止翻涌，但海水依旧涌了上来，他以此证明了朝臣的胡说。后世借以指代无能为力之事。本书脚注均为译者注。

机的驾驶舱，从英王詹姆斯一世时期的伦敦到11世纪的中国。

无论这些故事看起来有多么不同，它们都是由一条共同的丝线串起的，那就是人类的创造力，以及常常如影随形般展现出的美。钟表通常是科学与艺术的结合体，齿轮比例的精确性与金匠精细打造的才能往往同等重要。在我看来，完美的钟表一定是引人入胜和赏心悦目的。在本书中，你将会见到一些例子，能够达到这两条标准当中的一条，或兼而有之。

可以说，对时间的理解让人类变得不同；因此不难理解，我们为何既珍惜时间，又珍视这种用来标记时间的机器。实际上，整个人类文明史也可以被看成是人类不断发展的时间观念的历史，以及人类用以对这些观念进行解读的器具的历史。

人类最初对于时间的感受可以说正是“上天”赐予的。地球围绕地轴的自转产生了日夜的交替，而地球围绕太阳所做的历时365.25天（左右）的椭圆轨道公转被人类称为“年”。与此同时，月亮提供了一种可供观察的盈亏现象，一个周期大约需要29.5天，由此我们产生了“月”的概念。当然，问题在于太阳与月亮的运行周期并不十分协调，原始人类可能早在1.2万年前就在努力解决其带来的不便。

数千年来，阳历与阴历之间的调和问题一直在困扰着人类，时至今日依然如此。巴比伦的天文学家发现，这两个历法每19年便会重合一次，古希腊天文学家、雅典的默冬（Meton of Athens）则以他的名字为这一使用至公元前46年的历法命名。①

---

①默冬于公元前432年引入19年7闰这一周期，即在19年中加入7个闰月。该周期又被称作“默冬章”。

罗马皇帝图拉真（Trajan）被描绘成法老，正在向女神哈托尔（Hathor）[①]供奉一盏水钟。埃及丹德拉（Dendera）的哈托尔神庙，诞生屋（Mammisi）浮雕

然而，虽然这样的历法已相对有序，但19年的周期很长，而且人们对时间的认知也日益精确。在古巴比伦，人们将白天划分为12个小时，并刻画在日晷上；埃及人已经学会利用星星的位置来推断夜间的时刻。我们现在用的“秒”和“分”(1分钟为60秒，1小时为60分）则源于六十进制计数法，这种计数法在约5000年前的美索不达米亚地区是主流。

当然，“分”和“秒”都是一些比较抽象的概念，其数学意义大于时间意义，并且人们又从这一体系当中衍生出了360度的经线，将整个世界进行了切分（正如我们在后文即将看到的，到

①古埃及神话中爱与美的女神。

现存最古老的水钟的石膏复原品（现存于开罗博物馆）——世界（现存）首个精确的计时器，发掘于卡纳克神庙，可追溯至公元前1415年—公元前1380年

了18世纪，经度将与人类对准确性的不懈追求再次相连）。数百年来，与哲学领域的众多戈尔迪乌姆之结（Gordian Knot）[①] 一样难解的除了数学、天文学、占星学和神学，还有时间。

在法老埃及时期，随着水钟的发明，人们有了测量时间的方法（通过观察液体从容器中均匀流出的量）。至此，人类终于将时间从天体上夺取了下来，并逐渐开始运用这一几乎是普罗米修斯式的天赋。当然，对于大部分人来说，他们并不需要过于精确

①西方传说中的神秘绳结，只有绳扣，看不到绳头和绳尾。

的时间。当你向一个中世纪的农民询问时间时，他或许会告诉你当前是哪个季节。尽管如此，到了中世纪早期，一种结合了水钟与太阳观测的计时方法指导着人们方方面面的活动，包括城市大门的关闭和信徒的祈祷——这些都是通过人力敲钟的方式传递听觉信号来实现的。

机械钟发明者的身份目前尚不可知，但随着13世纪机械钟在欧洲出现，文艺复兴以及被称为“大发现时代”的欧洲主导时期也接踵而至。在卡尔·马克思看来，机械钟的重要性毋庸置疑。他在1863年给恩格斯的信中写道：“钟表是第一个应用于实际目的的自动机；匀速运动生产的全部理论就是在它的基础上发展起来的。”尽管时间是抽象的，但它已成为经济学的终极追求。马克思认为，工厂的时钟已经成为去人性化和人类劳动商品化的标志。

对时间的追求，以及尝试用机械去记录时间的努力，涉及一些拥有强烈个性的伟大人物，他们通过顽强的毅力、与生俱来的才华或纯粹的怪癖，将自己的名字留在了记录时间的历史中：从史前人类到宇航员，这些书页讲述了一段关于人类“发明”时间的故事。这段故事始于人类仰望明月之夜，终于人类登上月球之时。

那些抵挡不住钟表诱惑的人径自走入了一个充满无尽魔力的世界：这是一个由机械部件构成的微缩世界，这些机械的功能多种多样，小至日常报时，大至预测天体的运行。对所有人来说，它们的魅力是相同的：无论是对法老、18世纪的法国王后、20世纪的商业巨擘，还是对成长于20世纪70年代的笔者，均是如此。

在笔者成长的年代，由电池驱动的手表风靡一时，而在旧货商店或跳蚤市场，仅需花几便士就可以淘到一块老式的机械表。

我会将它一直戴在手上，直到它坏掉，或是我有了另一个喜爱的款式。手表属于日常用品，但我能感受到它们承载的美。当我把它们戴在手腕上时，确实稍稍提升了我的生活体验。另一个让我感到惊叹的地方在于，手表那不知疲倦的功能特质竟寓居于不过硬币大小的空间里。宝石的数量、“自动上链”功能，以及“瑞士制造”的自豪感，这些元素都在表盘上展现得淋漓尽致。表壳的背面则罗列着它们所具备的一系列防护属性：防水、防震、防尘、抗磁……

我对手表的这种魔力毫无抵抗力，从此沉迷其中，无法自拔。

我家房子后面有一小块空地，我们开玩笑地把它叫作“花园”，那里还有一间存放杂物的小屋。几年前，我的小儿子从小屋里翻出了一个包裹袋，里面装满了老旧的手表。至此，我所收藏的手表的数量终于大白于天下。最令我感到惊讶的是，我的小儿子用拇指和食指逐个拨弄了几下，给它们上了上发条，很多手表就再次焕发了生机。他玩得很起劲，就像从前的我一样。在这一意外之喜的感召下，我们也对百达翡丽（Patek Philippe）的那句广告词有了新的体会，即你从来都没有真正地拥有过一块手表，只不过为下一代保管而已。（或者就像这些手表一样，被束之高阁，一放就是20年，直到后代于偶然间发现它们。）

可惜我早期对手表的收藏是相当盲目的，因此藏品当中并没有百达翡丽的手表。但它的这个广告语之所以变得如此家喻户晓，甚至连那些从未拥有（或者说保管）过百达翡丽手表的人都有所了解，就在于我们虽然随时随地略一抬手就能从手表上获悉当前的时间，但我们仍然认为钟表承载着一种内在的价值。（既然如此，我们为何还要给它们穿金戴银，使它们看起来活像一个中世纪的圣物箱[①]？）

钟表可以被视为来自另一个时代的使者。在为编写本书而进行寻访考察的过程中，我曾循着威斯敏斯特宫的钟塔的台阶向上攀爬，每当听到塔顶传来的钟鸣声，我都会情不自禁地想起维多利亚时代的那些建造者，他们修建了这座被后人（略显张冠李戴地）称为“大本钟”的钟塔，并将它安置在当时世界最大帝国的版图与权力的中心。帝国已远，但这座钟塔仍作为一个国家的缩影，与埃菲尔铁塔、帝国大厦、泰姬陵、罗马斗兽场以及中国的万里长城一道，成为人类建筑的杰作。

有一种神奇的力量能够将这些机械物件转化成人类情感的寄托。有时候，这些情感会显得如此强烈，以至一块小小的钟表便足以点燃人们内心的热情，使人们心甘情愿地豪掷数百万之资（曾有人花了将近1800万英镑），只为有幸成为这件物品的守护者，将自己的名字写进它的历史。

正是这些物品本身所承载的故事，让本书中的计时器（包括其他很多钟表）显得如此不凡，我希望我所挑选的这几件物品足以让读者领略其中的神奇内涵，即使是在外观上相当简陋的、出现于旧石器时代非洲的“伊尚戈”（Ishango）骨，我们的故事就是从它讲起。

---

① 圣物箱（medieval reliquary），也被称作圣骨匣，是一种存放或展示圣人遗物、遗骨的容器。为表明圣物的神圣地位，圣物箱常饰有金、银、宝石、珐琅或象牙。

NEW-YORK
BY
SOUTH
WEST
SUNRISE
NORTH

由百达翡丽公司制作的亨利·格雷夫斯超级复杂功能怀表（参见第257—273页），神话般的存在，是计算机辅助设计出现前世界上最复杂的便携式私人钟表

法国斯特拉斯堡的时钟的齿轮结构（参见第99—113页）

时间的白骨

伊尚戈骨——旧石器时代

在布鲁塞尔自然科学博物馆里，有一根细长、弯曲、深褐色的狒狒腓骨，它并不是该馆最引人注目的藏品，但或许是最重要的藏品。

1950年，时年30岁的地质学家让·德·海因策林·德·布罗古（Jean de Heinzelin de Braucourt）担任比利时皇家自然科学学会研究室的副主任。身为知名学者，他在比利时根特大学讲授的课程广受欢迎，听者如云。不过，更令他感到快乐的还是户外考察。这一年的4月25日，他来到了爱德华湖（Lake Edward）北岸的伊尚戈，这里靠近塞姆利基河（Semliki River）的河口，北距赤道仅数千米，时常有大象和河马到这里洗澡。如今的伊尚戈位于刚果民主共和国境内，靠近该国与乌干达的交界。1950年的刚果还处于比利时的统治之下，当时的伊尚戈属于艾伯特国家公园（Albert National Park）的一部分，这座国家公园占地3000平方英里[①]，公园里到处都是苍翠茂密的热带原始森林，保存了数千年之久。

这本是对后殖民时期的刚果进行的一次再寻常不过的科学考

---

①本书中保留原文使用的计量单位，后文不一一标注。1英寸为2.54厘米，1英尺为30.48厘米，1英里约为1.609千米，1英亩约为4047平方米。

赤道以南几千米处的爱德华湖北岸，塞姆利基河河口的伊尚戈，是大象和河马常去洗澡的地方。它属于占地3000平方英里的茂密而原始的赤道地区公园的一部分，数千年来都未发生改变。它看起来似乎不太像计时器的历史开始的地方

察。深居非洲腹地的爱德华湖直到1888年才被西方科学界所知，当时亨利·莫顿·史丹利（Henry Morton Stanley）发现并记录了它，并以当时威尔士王子的名字命名。1925年，比利时国王艾伯特宣布该地区为国家公园。自20世纪30年代开始，比利时皇家自然科学学会先后派出数个考察队对该地进行探索，直到1960年刚果独立。

不过，在1950年的这次科考中，随着海因策林从几层火山灰底下发现了一根狒狒的腓骨，伊尚戈这个偏远的护林站被载入史册。这根特殊的狒狒腓骨被改造成了一个工具，顶端固定着一块尖锐的石英。然而，真正引起这位年轻的考察者注意的并不是石英，而是骨骼上精心雕刻的3列凹痕。

经过数千年时光的洗礼，这块骨骼显得非常古老。海因策林推断其有6000年至9000年的历史；即使在20世纪70年代末，科学家们也断定其产生于6500年至8500年前。后来，人们发现它经过了某些远古人类的加工，也就是出现于公元前25000年至公元前20000年的旧石器时代，当时的人类与猿和大象共同生活在这里。这也就意味着，这些刻痕要早于文字的出现。

这块腓骨看起来就像一种“三维的”条形码，而这些像梳子一样的神秘刻痕到底代表了什么含义，几代科学家们纷纷著书立说，给出了不同的解读。目前，更多观点支持这样一种解释，即伊尚戈骨是某种计数棒，一种史前的计算尺或计算器。而在非专业人士看来，一个具有重大意义的科学理论竟然可以建立在犹如“史前遗骨”般脆弱的基础之上。一些更富于想象的解读甚至描绘了这样的画面：早期人类坐在某个史前湖泊的岸边，思考着数

伊尚戈骨，发现于刚果爱德华湖湖岸的一个考古现场，可能是世界最早的计时工具之一

1950年，让·德·海因策林·德·布罗古站在爱德华湖湖岸边，身着殖民时代晚期探险者的典型装束

字的秘密。即使人们可能会想到，在这片野兽横行的古老大陆上，他们还有更加紧要的事情需要考虑。

还有另一种学说促使人们相信，这些刻痕是如此古老，可能与时间本身一样久远：换言之，这块伊尚戈骨是世界上最古老的计时器。

亚历山大·马沙克（Alexander Marshack）曾是《生活》(*LIFE*)杂志的作者兼摄影师，后来成为大众科学家。

一块刻有图案的骨头，可能是怀表的早期祖先

他的名字后面虽然没有跟着一系列能证明他的学术资历的头衔，但他与哈佛大学的皮博迪考古与民族学博物馆（Peabody Museum of Archaeology and Ethnology）有关联。

20世纪60年代，海因策林在《科学美国人》(*Scientific American*)杂志上讲述了自己的经历，马沙克也由此知晓了伊尚戈骨的事。当时他正忙于编写一本有关科学发展史的书，其中提到了人类对月球的探索。在对这段历史进行考察的过程中，人类对历法的探索始终不容忽视。虽然古代文明中已经有了历法思想，但经过与多位专家学者的探讨，他一再发现，这些历法其实已经相当发达，而且他认为，这种高级的历法知识并不是一蹴而就的，更合理的解释是，在这些历法出现之前，一定存在某些更简单的历法形式。

亚历山大·马沙克（坐者）提出了开创性的理论，将带有刻痕的骨片视为某种历法器具

当他仔细研究伊尚戈骨的照片时，他有了一种近乎阿基米德式的发现。他突然意识到，腓骨上的这些刻痕可能并不只是一些随意的刻画或对狩猎数量的记录，而是某种非常原始的阴历历法。按照他的解释，这些标记与一个为期两个月的月相循环相一致。后来他对《纽约客》(*The New Yorker*)杂志的记者表示："我当时感到眩晕。这种解释似乎太过简单了，令人难以置信。"[1]

在美国的国家地理学会、国家科学基金会以及各种私人机构的支持下，马沙克在20世纪60年代对数千件旧石器时代的雕刻文物进行了分析和解读。他的这项工作非常受重视，甚至在"冷战"极盛时期，他都被获准接触苏联的有关藏品。

随着研究的深入，他对于伊尚戈骨的这种直觉猜想一度成为关于人类发展的核心假说。他将自己的研究方法称为"认知考古学"(cognitive archaeology)[2]，并推测认为，从旧石器时代非洲的原始人生活，到当今的文明社会，这段演化旅程正是以(人类)对时间的理解和顺序思想为发端的。

他的理论刷新了人们对早期人类的认识。在马沙克看来，使早期人类区别于其他物种的特点并不是发明、制作和使用工具的能力，而是对时间的理解和记录的能力，不论这种记录方式显得多么原始。正如1974年《纽约客》的一篇文章所解释的，马沙克相信，"人类对季节、植物与动物周期性规律的观察能力，以及为了未来使用而储存记忆的能力，使人类相对于那些无法思考时间问题的动物来说有了巨大的优势。他推断，这种缓慢的进化趋势，促使人类实现了包括制作工具和使用语言在内的种种发展进步"[3]。

马沙克的理论认为，为了对月相盈亏进行观察、理解和记录，并对这些信息进行解读、交流和运用，我们的先祖们有一套成熟的口头语言。在马沙克看来，骨片上的这些画痕是人类书写和计数符号的雏形，是为了储存和检索信息所做的种种尝试。

如果“文明”(civilization)这个词从最宽泛的意义上被理解为隐含了一种秩序意识，那么马沙克的理论就是一个强有力的例证，证明人类对时间的理解构成了人类文明根基的重要部分。对于狩猎采集者(hunter-gatherer)来说，时间的流逝与季节性事件的循环往复之间的关联十分重要，因为他们对于预测猎物的迁移模式很感兴趣。当然，如果没有对时间的感知，人类也就不可能在之后的数千年里从狩猎采集模式过渡到农业模式：如果没有对时间的感知，人们如何知道最佳的播种和收获时间，又如何能够

一个熟悉的史前形象：南非塞德伯格山脉(Cederberg Mountains)，一幅桑族人(San people)的岩画，描绘了一个准备捕猎的弓箭手，弓弦正紧绷着

计算出他们的族群在播种与收获的间隔时间里维持生存所需的食物数量?

马沙克发现，他的理论在旧石器时代的欧洲有着极为宽广的施展空间，史前人类会按照某种时间框架来安排自己的生活。他认为，在石头、鹿角和骨骼碎片上的这些弯弯曲曲、粗细不一的记号，是一种用于记录月相的历法。而且它们外形小巧，便于携带，适用于狩猎活动，因此，它们可以说是最早的便携式私人计时器了。

1972年，马沙克将自己的研究写成了一本书，名为《文明的根源》(*The Roots of Civilization*)。这是一本内容丰富、通俗易懂的考古－科学－历史类著作，这类题材在当时非常流行。20世纪60年代末70年代初，人们对人类文明起源的研究兴趣不断上升：一方面，埃里希·冯·丹尼肯(Erich von Däniken)在其1968年的畅销书《众神的战车》(*Chariots of the Gods*)中提出了一个观点，认为外星人对人类的发展进行了干预；另一方面，英国广播公司(BBC)与马沙克的老东家——时代生活影片公司(Time-Life)联合制作了电视系列片《人类的攀升》(*The Ascent of Man*)，该片在内容上更严肃，由数学家兼历史学家雅各布·布罗诺夫斯基(Jacob Bronowski)担任解说，于1973年播出。

《文明的根源》一书非常契合当时的时代精神。1972年，在一份名为《现代人类学》(*Current Anthropology*)的杂志上，马沙克提出了“广泛同期时间意识”(widespread contemporaneous temporal awareness)理论，该理论认为：“月相假说表明，旧石器时代晚期的记号代表了一种符号类型以及对一般认知能力的特定文化运用。证据表明，身处不同环境和地区的不同群体在次序和周期的感知能力上处于比较近似的发展阶段。”[4]在马沙克看来，他似乎发现了人类对于时间的启蒙理解的证据，对于世界不同地区的人类种群来说，这种理解的发端时间是大致相同的。

马沙克的理论被视作革命性创见，当然，“反革命”的理论也如影随形。《泰晤士报》(*The Times*)上刊载的马沙克的讣告中曾指出，“20世纪90年代，一些较年轻的学者对马沙克的结构主义解读表示反对，他们更倾向于认为，旧石器时代的这些现象背后隐藏着更多的魔法和宗教性动机，并贬低马沙克的解读，称其为一种过度的数字命理学解读”。文章补充道：“虽然有些批驳似乎是有道理的，但是马沙克在很大程度上刷新了人们对于我们远古祖先的智力过程和成果的看法，这是不能被低估的。”[5]

当然，由于时隔数万年之久，我们已无法探明早期人类最初开始记录时间流逝的方法、原因和时间。不过，可以确定的是，在2万多年前，时间终于放慢了脚步。当时最小的时间单位是“天”，阴历又将这些天数串联了起来，然后再将它们与行星的活动周期相匹配，从而将时间的周期性特征和进行性特征呈现了出来。

至于在伊尚戈的这一发现，不论反对的理由是什么，每当我们能够轻易地从手表或其他各种场所读取时间的时候，我们都会情不自禁地把这块不起眼的狒狒遗骨视为计时器的鼻祖。远在近3万年前的石器时代，那些蹲坐在某个热带湖泊边缘的早期人类就已经发现，对时间的测量，不论是电光石火的一瞬，还是月相盈亏、季节变换，都让我们更加理解生命。

坑里乾坤

沃伦田历法——中石器时代

地中海和波斯湾之间有一片弧形地带，这片土地因得到了河流的滋养而变得格外肥沃，它就是历史学家们所称的美索不达米亚，这里通常被视为“世界最早文明的发祥地”[1]。泥砖、泥板、泥塑、泥印、楔形文字以及留着大胡子的君主，这些都被自然而然地视为人类早期文明的象征。

不过，一支由伯明翰大学文森特·加夫尼（Vincent Gaffney）教授领导的考古团队指出，值得探究的地方并不仅限于底格里斯河与幼发拉底河流域，还包括发源于苏格兰的凯恩戈姆山脉（Cairngorm mountains）的迪河（River Dee）与唐河（River Don）之间的地带。

迪河北岸不远处就是沃伦田（Warren Field），这里看上去不过是一片普通的农田。然而，当著名的景观考古学家——布拉德福德大学的文森特·加夫尼教授于2013年到达这里时，他看到了一些具有重大意义的东西。

早在1976年那个漫长而干燥的夏天，人们便通过空中摄影检测到了一个具有考古价值的地点。经过2004年至2006年的发掘，12个形状各异的地坑呈现在人们面前，它们依次排列成一个长达50米的弧形。

发掘中的沃伦田地坑

利用空中摄影进行农田勘界时记录下的沃伦田地坑排列

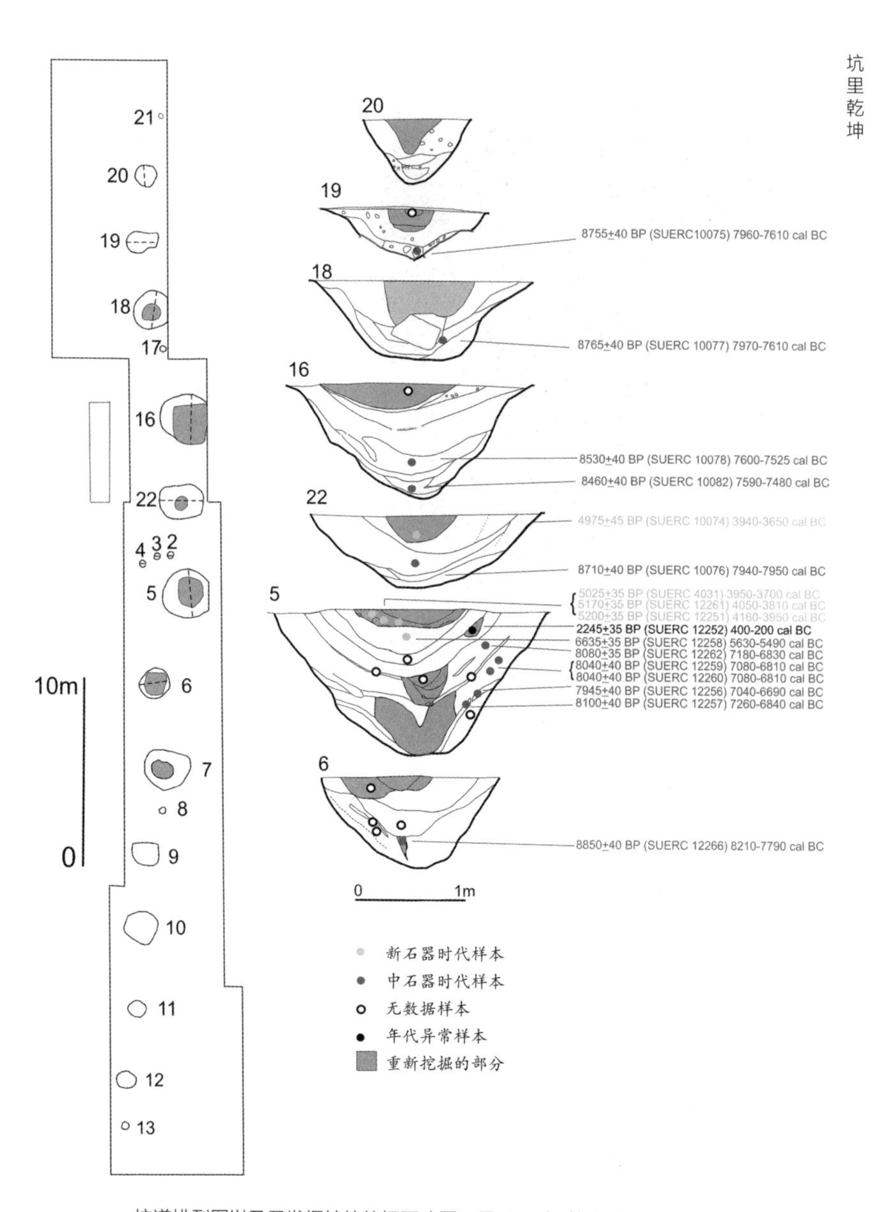

坑道排列图以及已发掘地坑的切面略图，显示了碳测年样本的采集位置

伯明翰大学的文森特·加夫尼教授认为，在记录时间的历史上，位于迪河与唐河之间的这片土地与美索不达米亚地区有着同样重要的地位

考虑到附近有一个源自新石器时代的大厅建筑，因此有理由推断这一发现可以追溯至公元前4000年左右。不过，碳测年的结果令人大感意外。这些地坑的年代非常久远，大概在1万年前，也就是中石器时代。

很显然，这是某种重要的纪念性建筑，大约用了几个世纪的时间才修建完成，此后一直被人使用了4000多年，至少到新石器时代初期。多年来，这些史前地坑的用途一直成谜。直到2013年，通过使用最先进的遥感技术，结合一种能够对那一历史时期当地的日出和日落轨迹进行描绘的软件，加夫尼教授提出了一个惊人的假说。

加夫尼教授表示，“人们曾对这些地坑进行过纵向研究”，但它们真正的作用隐藏在其方位之中。“当你从方位上考察时会发现，它指向了斯拉哥谷道（Slug Road Pass），也就是迪谷（Dee Valley）以南的一条主路。”接下来就有点复杂了：你需要弄清楚公元前8000年太阳在天空中的运行轨迹。不过，在做到这一点之前，加夫尼的一名同事需要先编写一个新的软件，因为现有的用来模拟太阳与某个地标的相对位置的软件并不适用于公元前4000年以前的场景。人们曾经认为，这些用来标记二至点（solstices）的纪念性建筑通常都是新石器时代的产物，其中最著名的是巨石阵（Stonehenge），年代最为久远的则是德国的戈瑟克圈（Goseck Circle），可以追溯至公元前4800年左右。不过，沃伦田地坑比前两者还要早数千年之久。

软件模型得出的结果令人振奋：在大约1万年前，该地区冬至日的日出位置正好位于斯拉哥谷道上方。加夫尼说，“你可以设想，在冬日的某个清晨，有个人穿过光秃秃的树林，看着太阳从斯拉哥谷道升起，然后沿着山谷滚滚向前，那一定是非常壮观

从地坑观察冬至日的虚拟场景

的景象”。

他继续谈道：“沿着那个山谷的日出轨迹具有重要的天文学意义；地坑那奇怪的形状使我们唯一能够想到的就是月相。通过考察早期的人类社会你会发现，观月往往是计时活动的开端，因为月球是唯一一个非年度的运动天体——月相的周期是1个月。”[2]

沃伦田地坑通过形状呈现出12种不同的月相，中间是一个2米宽的地坑，代表满月。不过，要想弄清地坑的完整用途，我们还需要考察它们的地形学特征：“可以想见，某个狩猎采集者部落在对天上的日月星辰观察数百年之后，决定建造一个纪念建筑，使他们能够通过观察月亮来记下每个月的时间。”[3]

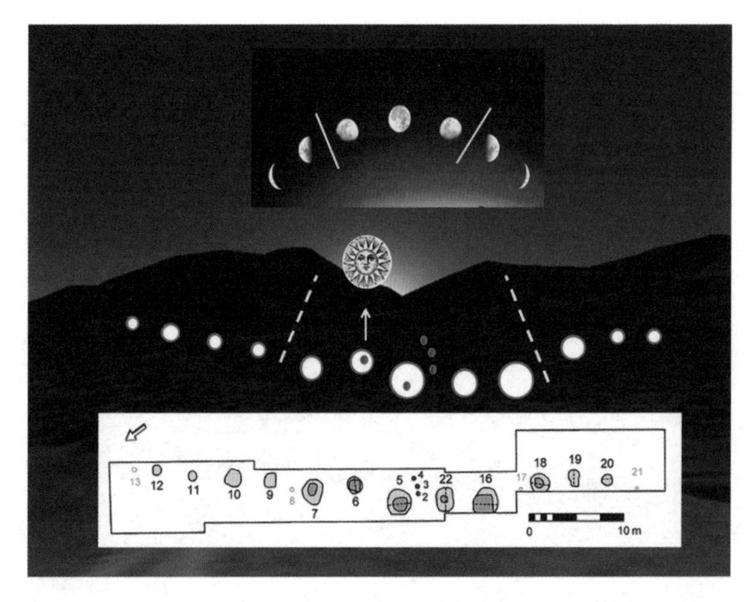

图片底部所示为沃伦田地坑排列图，中间和上方为地坑与斯拉哥谷道的相对位置示意（为方便展示而对背景做了放大处理）

不过，正如我们在前言部分讲到的，阳历与阴历的12个月并不是严格对应的，阴历年有大约354天，而阳历年有将近365.25天。因此，用不了多久，一个完全以阴历为基础的计时系统就会失效。为了准确反映季节变化，从而预测季节性事件，这些地坑需要每年“重置”一次。在数千年后，人们学会了通过加入额外天数的方式来弥合这种偏差，不过，对于中石器时代尚不通晓文字和数学的早期人类而言，他们在历法上还未达到那种准确度。

对于沃伦田地坑来说，结合斯拉哥谷道的走向，这种校准也不难实现。因为在冬至日这一天，太阳正好从斯拉哥谷道的上方升起，地坑的使用者便可以据此重启阴历循环。“这似乎表明，狩猎采集者们有能力或者有必要建立一种正式的方法来处理时间，通过这种方式，他们不仅在思考过去，还会对未来有所预计，或许会借以安排各项活动，从而促进了各种社会变革的发生。”[4]

在一个没有太多干扰的世界里，每当夜幕降临时，他们除了仰望星空，几乎没有别的事情可做。加夫尼认为，观天行为会促使人们建立一种信仰体系，这种体系是以可见天体的运动为基础的，它反过来又会强化月亮、太阳与地球事件之间的关联。如果我们结合（由月球和太阳引起的）潮汐变化来看的话，这种关联并不像我们最初认为的那么原始。

如果说类似于伊尚戈骨的这种早期人工制品是人类为追求天时地利而对时间进行追踪的一种方式，使人类能够在合适的时间出现在合适的地点（例如截获迁徙中的动物），那么对于狩猎采集者来说，当鲑鱼沿着河流洄游的时候，迪河就是一个合适的狩猎点。加夫尼认为，（狩猎采集者）每年在河岸边开展的这种聚集活动不只是为了果腹，它还具有更大的社会学意义。“在一个流动性较强的社会当中，这（聚集活动）可以让一些较大的群体在迪河边聚集起来，开展一些社交和宗教仪式。”[5]

相对于历法，加夫尼更愿意把这些地坑描述为“时间计算器”（time reckoner），能够梳理过去，预测未来。但不论被称作什么，它反映了先进认知的发展：“时间是一种社会建构。它本身是不存在的；事情发生，仅此而已。”[6]在数百年里，随着时间这种抽象概念的发展，先是通过观测一年一度的太阳活动，继而是每月一次的月球活动，我们看到了人类文明的第一道曙光。

正如加夫尼教授所说：“我们在这里所看到的，是人类早期正式构建时间的重要一步，甚至可以说是历史本身的开端。”[7]

带孔的水桶
卡纳克水钟

在种种历史巧合、盗墓活动和考古学的共同影响下，少年法老图坦卡蒙（Tutankhamun）毫无疑问地成了埃及最著名的法老王。不过，正是在他的祖父阿蒙霍特普三世（Amenhotep III）的统治下，埃及在荣耀、势力和影响方面达到了顶峰，疆域从幼发拉底河流域一直延伸到苏丹。

一提到阿蒙霍特普三世，人们会想起由他主导的规模浩大的建筑修造活动，他的神庙是“全埃及最宏伟的神庙建筑群”[1]，他在卢克索（Luxor）开辟了一处全新的祭祀场所，并对占地200英亩的卡纳克神庙群进行了装饰。他还恢复了对太阳神拉（Ra）的崇拜，推进了对太阳圆盘之神阿顿（Aten）的敬奉。他甚至还给自己起了一个绰号：“耀眼的阿顿”（Dazzling Aten）。他是比自称为“太阳王”的路易十四还早了将近3000年的一位太阳王，而卡纳克就是他的“凡尔赛宫”。

然而，当法国的埃及学家乔治·勒格兰（Georges Legrain）在19世纪末注视着“耀眼的阿顿”的故居时，他不禁想起了雪莱的十四行诗《奥西曼迭斯》（*Ozymandias*）中的句子。这里已是一片废墟：摇摇欲坠的方尖碑，坍圮的巨型石柱以及胡乱堆砌的凿刻巨石，令到访的欧洲游客叹为观止，包括那些头戴白色宽檐帽，身着三件套西服，搭配着高领和蝴蝶结的考古专业的学生。勒格兰曾就读于巴黎美术学院，并且在索邦大学上过一些有关埃及学的课程。1895年，他被任命为卡纳克工作组的组长。从那时起，直到他于1917年去世，卡纳克成了他生活的全部追求。作为一名热忱的摄影师，他能够从这片巨大的废墟中感受到自己任务的艰巨。

勒格兰的发现已被载入考古学史册。1903年，随着“卡纳克密室”的发现，大量的文物珍品被发掘出来：受地下水位过高的影响，勒格兰和工人们用了4年时间，先后发掘出了超过700座雕像、1.7万件铜器和其他各式

阿蒙霍特普三世，号称“耀眼的阿顿”，因主持开展了规模浩大的古代建筑修造活动而著称。在他统治的时期，曾向自己的雕像供奉祭品，在雕像中他被刻画为太阳神的化身。这张图片展示了国王的雕像，以及用来运送雕像的木橇（公元前1375年）

烈日下的盛装：卡米耶·圣-桑斯和乔治·勒格兰在卡纳克神庙瞻仰巨型花岗岩圣甲虫雕像

对于19世纪末20世纪初的游客来说，卡纳克是一个必看的景点。这张摄于1877年1月的照片，显示了美国金融家皮尔庞特·摩根（Pierpont Morgan）携家人在卡纳克野餐时的场景（来自赫伯特·L. 萨特利［Herbert L. Satterlee］的约翰·皮尔庞特·摩根，私人照片，1939年）

埃及卢克索庞大的卡纳克神庙群的古老遗迹

各样的物品。不过，最令人称奇的发现是在1907年：一个巨型的粉色花岗岩圣甲虫（scarab）[①]，趴在一根立柱的顶端，该雕塑发现于圣湖（Sacred Lake）附近。

勒格兰本人成了卡纳克的代名词，甚至成为某种意义上的名人，欢迎着其他社会名流到此观览，沿着尼罗河去探寻古埃及的久远历史。就像今天的游客一样，他们也会在名胜古迹前拍照留念，但着装要更为正式。其中一张照片上，身穿深色西服、头戴遮阳帽的勒格兰正在向留着大胡子、头戴硬草帽的卡米耶·圣－桑斯（Camille Saint-Saëns）介绍粉色花岗岩圣甲虫雕像，如此正式的着装如今看来反而略显滑稽。

那个时期可以说是考古发现的黄金年代，“埃及热”席卷了欧洲人的想象空间，对包括电影、侦探小说、室内装潢和珠宝设计在内的西方文化的方方面面都产生了影响。

在众多令人兴奋的发现中，一只雪花石膏质的小花盆实在不太容易引起人们的注意。这只盆的高度为34.6厘米，上宽下窄，盆口和盆底的直径分别为48厘米和26厘米，出土于阿蒙神庙遗址附近的一处被称为“垃圾堆”（refuse tip）的地方。

与巨型圣甲虫雕像这种引人注目的考古发现相比，这个器皿虽然也有吸引力，但并不足以引起人们太大的共鸣。卡纳克高耸的石柱和威严的雕像蕴含着古老而神秘的文明奥秘，相比之下，从阿蒙霍特普三世时期存留下来的这个简单物件略显寒酸。但无

---

①蜣螂，俗称屎壳郎，深受古埃及人的信奉和崇拜。他们认为，圣甲虫不用通过雌雄结合就能繁殖后代，代表着“创造”和“重生”。同时，圣甲虫会推着粪球朝太阳的方向移动，就像地球相对于太阳的运动一样，因而被视为一种神圣的存在。

论如何，它仍然不失为一件珍品：莹白的半透明材料上雕刻着3层装饰性的浅浮雕，描绘着动物、神明、神话人物和真实的历史人物，包括阿蒙霍特普三世本尊。

讽刺的是，对于一个自命为太阳的君主来说，正是在他的统治下，人类试图从太阳上解放时间的第一个证据得以保存了下来。古埃及和古巴比伦社会利用日晷读取时间，这种器具虽然比较精巧，但最终还是依赖于日光的存在——这也是在卡纳克发现的这只“花盆”如此吸引人的原因。

当人们注意到盆底的一个微小孔洞时，才意识到上面的装饰以及渐窄外形非常重要。这个“花盆”或“圆桶”其实是一个计时器，随着水从盆底不断漏出，人们可以根据剩余水在内壁刻度上的位置来读取时间。（随着水面的降低，渐窄的外形能够补偿水压变化带来的影响。）外壁上刻满了象形文字以及星座和神明的形象，顶部刻有众神和36个黄道10度分度（decan）主星，这些主星会在夜空中依次升起，被埃及人用

一个早期埃及水钟的复原品。1904年，在埃及的卡纳克神庙发现了一个能显示时间的“花盆”，其历史可追溯至阿蒙霍特普三世统治时期（公元前1415—公元前1380年）。在使用时，将容器中注满水，水会从底部的一个小孔中缓缓流出，时间由容器内剩余水的水面位置标示

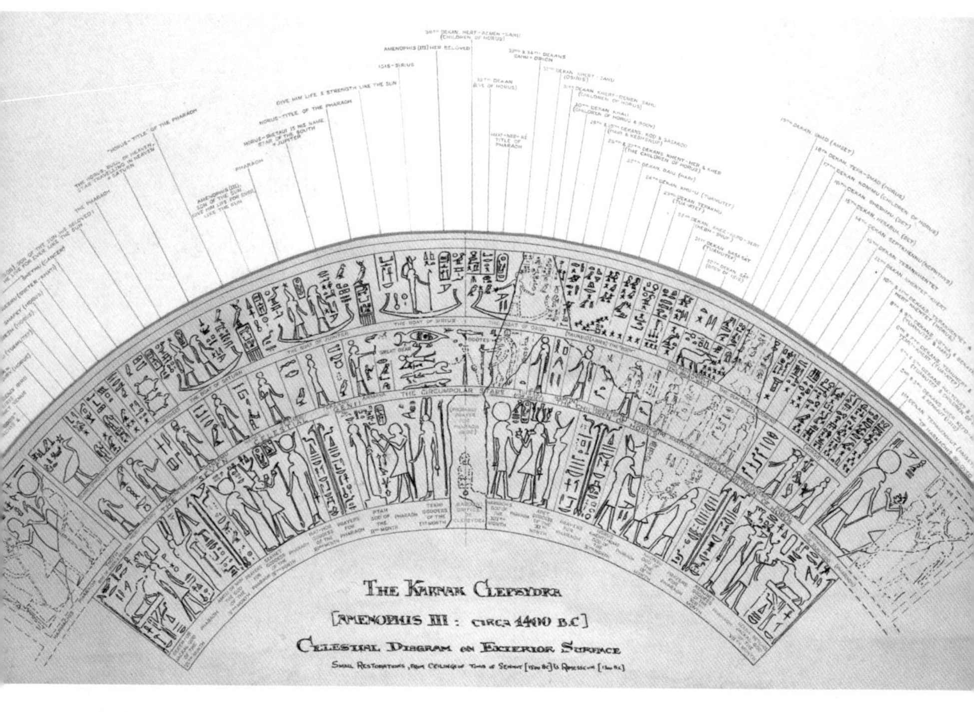

卡纳克水钟，埃及星座图，约公元前1400年。发现于上埃及卢克索卡纳克神庙的水钟外壁上雕刻的象形文字和其他形象的副本（复制于1939年）。最上层显示的是一系列的行星之神和36个10度分度主星——古埃及人据以记录时间。中间层是各种星座和神明，最下层是月历和月之诸神

来计时。在底部则是表示月份的历法。

水钟（clepsydra）按照字面的翻译为“水漏”，是通过水在经过校准的容器中不断下降的水位来标记时间的流逝的。这是世界上（现存）最早的精确计时器，能够日夜运行，在之后的3000多年里为人类提供计时服务。它既是一种用来调节生活作息的工具，也是人类文明所达到的先进程度的有力象征。对于一个农业社会来说，根据新月的周期性出现以及太阳的年度循环往复来预

测季节性气候变化的历法便已足够了，但水钟则不同。

这只水钟预示着一个社会的生活场景已经变得相当复杂且相互影响，单纯通过观察太阳来判断大致的“时刻”已经无法满足需要了：宗教仪式需要进行，政府事务需要办理，维持文明正常运转的无数件琐碎的行政任务需要得到协调，凡此种种，都需要对时间有一个准确的感知。因此，这只水钟的存世时间得以超过“耀眼的阿顿”，并且在古埃及的宏伟建筑被黄沙吞没之后的很多年里，仍然在使用中。

亚里士多德记载了法庭上用水钟为辩护双方设置时间限制的情形（后来在罗马共和国时期也有类似的用法）。而在亚里士多德的得意门生——亚历山大大帝所建立的亚历山大城，水钟拥有了家庭奢侈品的地位，成为身份与地位的象征。亚历山大的数学家克特西比乌斯（Ctesibius）所设计的水钟极为精巧，直到17世纪人们才设计出更加精准的计时器。后来，亚历山大的希罗（Hero）发明了其他的水力机械装置，如一个用来调节葡萄酒分酒机的水钟，供那些有钱又有空闲的顾客打发时间。数千年后，在卡纳克全盛时期都不曾有过的一些宗教信徒，也会被水钟召唤去参加祈祷活动。

而这些全都始于一只带孔的水桶。

水钟复原品，发明人是亚历山大的克特西比乌斯，约公元前270年。克特西比乌斯是一位发明家和数学家，他是古代亚历山大一批伟大工程师的先驱。该水钟上有一个带指针的浮标，可以随着水滴的匀速滴落而缓缓抬升

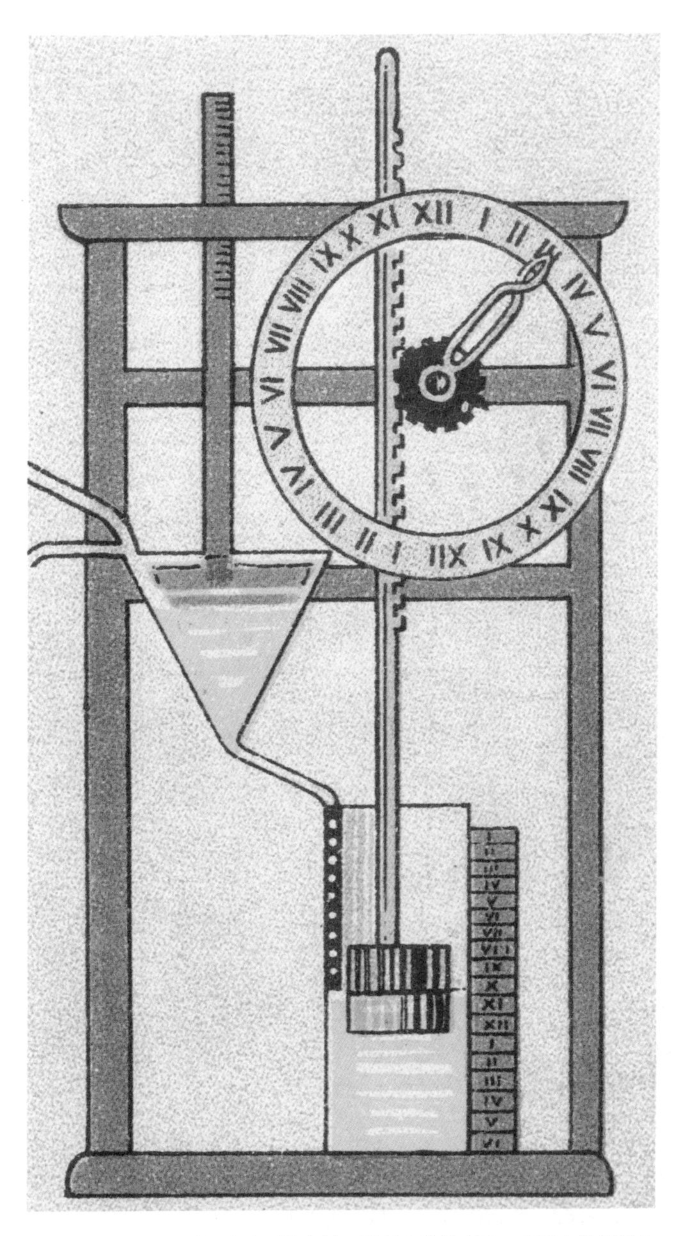

利用水瓶装满水的时间来计时的水钟，随着水位的上升，表盘上的指针会发生转动。由一位不具名的画家为香烟品牌莫里斯（Morris）绘制的“测量时间”（Measurement of Time）系列香烟卡（1924）

回到未来

安提基特拉（Antikythera）装置

安提基特拉岛大致位于伯罗奔尼撒半岛（Peloponnese）与克里特岛（island of Crete）航路的中央，是海洋中凸起的一块岛礁，岛上人烟稀少。时至今日，岛上居民的数量也仅有几十人，还不及岛上野山羊的数目。

不过，对于迪米特里奥斯·孔托斯（Dimitrios Kondos）船长来说，没有哪片土地比这里更显得亲切了。他指挥的两艘帆船被强风吹离了航线，为了躲避风暴，他经过一番搜寻，最终选择在安提基特拉岛停靠。当时正值1900年的复活节，孔托斯船长率领着一支由6名潜水员和22名桨手组成的海绵捕捞队，正行驶在从突尼斯海域返回锡米岛（island of Symi）的途中。

对于十二群岛（Dodecanese islands）[①] 地区的居民来说，海绵捕捞是一门重要的营生，堪比捕鲸业之于梅尔维尔（Melville)(在小说《白鲸》中提到）的楠塔基特（Nantucket）。19世纪末，新技术的出现彻底改变了潜水这项自古以来几乎没有发生太大变化的活动。帆布和橡胶制成的潜水服，再加上坚固的球形头盔，使

---

①又音译为佐泽卡尼索斯群岛，位于爱琴海的东南部，靠近安纳托利亚西南部的海岸。

20世纪初，人们在安提基特拉岛沉船遗址进行潜水打捞作业

潜水员的活动不再受限于肺活量。虽然这种现代化的潜水方式带来了潜水减压病（decompression sickness）[①] 的新威胁，但也带来了新的财富。

当风暴逐渐减弱，海面归于平静，孔托斯的潜水员们决定在附近搜寻一番，看能否打捞更多的海绵。潜水员埃利亚斯·斯塔迪亚蒂斯（Elias Stadiatis）在下潜后不久便匆匆返回，并告诉船长他在海床上看到了一堆尸体。

深感惊讶的孔托斯船长决定亲自下去一探究竟。在水深42米

① 亦被称作潜水员病，是潜水员于水下作业一段时间后，在回到水面的过程中，因上升（减压）速度过快、幅度过大，在高压（水下）环境中溶于体内的气体来不及经呼吸系统排出体外，形成气泡存留于血液和组织中，对血管产生压迫或栓塞而导致的疾病。

的地方，他发现了一艘古代大型沉船的残骸，周围散落着一些双耳陶罐。在19世纪余下的时间里，这样的情形对于爱琴海和地中海地区的海洋考古学家们来说不算少见。但这并不是一艘往来于地中海东岸的希腊各个港口、运输葡萄酒和橄榄油的普通货船："最令人感到兴奋的……并不是沉船本身，而是那些赫然在目的珍宝——一堆青铜和大理石的雕像及其他物品。"[1]

其中一件物品是一个青铜古典雕像的右臂。这条右臂在尺寸上要大于一般人的手臂，当时嵌在海底碎石之间，因数百年的海水侵蚀而失去色泽。这条残臂随即被从原地取走，带到了孔托斯船长的船上。

在将这条残臂带回船上后，孔托斯船长确定了自己所在方

安提基特拉岛附近海潮汹涌，礁石遍布

位，以便能够再次找到该地，然后启程回家。

孔托斯船长和他的船员们发现了一处重要的水下考古遗址，这要比任何海绵都更加宝贵和有趣。不过，他们当时似乎并未意识到这条残臂所承载的重大意义，或者说因忙于一些更加紧迫的事务而忽视了。关于这次航行结束后的一种说法是，船员们“尽情放松了将近6个月的时间，这也是航行成功之后的一种惯例”[2]。

尽管过着狂欢式的日子，但他们对于这条沉船的决定还是相当清醒的。“孔托斯和斯塔迪亚蒂斯决定与有关部门取得联系，

安提基特拉岛沉船物品的打捞工作标志着现代海洋考古学的开始

而不仅仅是将其视为个人的一段海上奇遇，他们带着这条青铜残臂去了雅典。”[3]

安提基特拉青年铜像（194厘米）那难以言喻的优雅和美，公元前350年，藏于希腊国家考古博物馆

相关部门与这些以捕捞海绵为生的渔民达成了一项资助协议，从而启动了对沉船遗址的考察和打捞工作。通过当时拍摄的一些照片我们可以看到，这次考察的成果被井然有序地堆放在博物馆的仓库里。有的很明显是某些雕像的部件，有待重新组装起来；有的则发生了腐蚀和钙化，虽然特质不明显，但仍然能够看出是人的形象，与庞贝古城发掘现场得到的文物相似。从沉船遗址被抢救性打捞上来的那件尺寸大于常人的雕像，被命名为安提基特拉青年（Antikythera Youth），如今已被视为古代艺术的杰作之一。

被打捞上岸的还包括一些不太容易辨认的人工制品，包括数十件受到腐蚀的青铜器，表面刻有模糊的字迹，从轮廓上看有点像某种齿轮。考虑到安提基特拉青年那轻盈优雅而又充满阳刚之气的外形，人们不免会猜想，这些被

安提基特拉装置的主要部件

海水侵蚀了2000年之久的金属碎块的意义定然不容小觑。不过，直到1902年才有人对其展开研究。

关于这些碎片的身份，学者们最初分成了两派，一部分学者认为它是一种星象盘，而其他人则认为是一种更为复杂的东西。在随后的几十年里，学术界在这个问题上的争论越来越多，但这个所谓安提基特拉装置究竟为何物，是如何发挥作用的，相关研究进展仍然十分缓慢。后来，到了20世纪中期，一位新的人物加入了争论。

20世纪70年代，对该物品进行了20多年的研究和思索的德瑞克·德·索拉·普莱斯（Derek de Solla Price）教授写道："大约从1951年开始，在对科学仪器历史的研究过程中，特别是对古代星象盘和行星仪的研究当中，我开始领会到安提基特拉装置所具有的深刻内涵。”[4]最初听说这一装置时，普莱斯还是一位戴着眼镜、叼着烟斗的年轻学者，当时他正在剑桥大学攻读科学史的博士学位，这也是他的第二个博士学位。普莱斯最初崭露头角是他在剑桥大学的彼得豪斯学院偶然看到了一份天文学装置的手稿。长期以来，人们认为这份手稿源自16世纪。实际上，普莱斯证实，该手稿的年代还要再往前推两个世纪，并认为其作者是中世纪英国的一位著名作家：杰弗里·乔叟（Geoffrey Chaucer）。虽然杰弗里·乔叟主要因创作了《坎特伯雷故事集》（*The Canterbury Tales*）而为人所知，不过，正是得益于这位格外聪敏的年轻学者，如今乔叟也被认为是一个天文学领域的作家，并被认为是《论星盘》（*A Treatise on the Astrolabe*）的作者。

然而，相对于由众多学术争论所构成的盛宴来说，为一篇重要的中世纪文稿确定作者、厘定时间不过是一道开胃小菜。当普莱斯通过之前的一些老照片，将注意力聚焦于安提基特拉装置时，真正的美味佳肴才开始端上餐桌。他被照片中的齿轮装置深深地吸引了。1953年，普莱斯收到了来自希腊的最新图像，是在对该装置做了清理后拍摄的。这些图像呈现了更多令人着迷的细节，促使他在1955年的一篇论文中提出了一个理论，这篇论文的标题以矛盾的笔调很好地概括了这一理论：《钟表前的类钟表机械》（“Clockwork before the Clock”）。

直到1958年，他才得以亲赴雅典，近距离考察这些碎片。新的研究发现促使他对自己最初的理论进行了更新，并于次年在《科学美国人》杂志上将这一理论公之于众，文章的题目是《一台古希腊的计算机》("An Ancient Greek Computer")。这样的标题，刊登在如此受人尊重的刊物上，比起学术性更有些挑衅的意味。在1959年，计算机基本上还是一个实验性的装置，尺寸相当于一间屋子或者一个衣柜，上面闪烁着各种指示灯，还有嗡嗡作响的磁带驱动器。一个远在2000多年前的"原始"社会，怎么可能制作出像计算机一样复杂的东西？不出所料，关于安提基特拉装置的争论最终突破了学术性杂志的讨论范畴，成为公众热议的话题。

德瑞克·德·索拉·普莱斯（1922—1983），在他那和蔼可亲的外表下，隐藏着聪慧的头脑和过人的钟表学研究天赋，他敢于挑战早已被世人接受的认知

当时，普莱斯正在美国工作，先是在普林斯顿大学，后来去了耶鲁大学。这篇文章引起的争议让他有些措手不及。"我必须承认，在从事相关研究的过程中，我曾多次从睡梦中醒来，对这些明确指向公元前1世纪的证据材料进行反复思考，包括相关文本、铭文、构造风格以及天文学内容等，看是否还有其他可能的

解读。”[5]

有些人认为，他被这件物品颇具年代感的外表迷惑了，其实这是一个源自19世纪的装置。“当然也有一些人更愿意相信，这一装置的复杂性和机械的精密性都远远超出了古希腊的技术范畴，只可能是由到访地球的外星人设计和制作的。”[6]

正如前面文章提到的，在普莱斯进行这些观察研究的时期，世人对人类文明起源的研究热情也空前高涨，新理论层出不穷，包括马沙克对旧石器时代文物的重新解释。与此同时，太空探索也已成为一个重要的文化符号，体现在社会表达的方方面面：从美国国家航空航天局（NASA）的创建，到美国轿车的尾翼设计。因此，这种“外星论”对古希腊研究领域的闯入也并非完全出乎意料。可惜，对于这一装置属于天外来物的说法，普莱斯并不赞同。他的观点是，前几代的历史学家们就是搞错了，他们低估了古希腊社会当时的科学能力：“一种严重的低估，如今终于得到纠正。”[7]

普莱斯是一个颇具使命感的人。20世纪60年代，他一直在对这些斑驳的金属碎片进行思索。接下来的10年里，他提出了利用γ射线成像技术来“透视锈迹”的主意。[8]

他本想使用X射线，但很难把“大功率设备弄到博物馆里”[9]。γ射线给他带来了希望。和很多人所能想到的一样，他直接找到了希腊原子能委员会。委员会的成员并未将这个疯狂的、叼着烟斗的教授直接打发走，而是非常认真地听着他的需求，并且表示乐于提供帮助。γ射线让“一个关于太阳和月亮的历法计算机械”[10]现出了原形。这台装置十分精密，包含了“超过30个齿轮”[11]。在普莱斯看来，这是古希腊文化研究领域的一大突破，它使得安提基特拉装置被置于一条历史脉络的起点，这条线不断延伸，一直通往工业革命。

至此，甚至连普莱斯教授——这个曾间接导致某些人将安提基特拉装置视为外星科技产物的人——也略微低估了该装置的能力。正如希腊国家考古博物馆在2012年举办的安提基特拉岛沉船文物展的负责人扬尼斯·比齐卡基斯（Yannis Bitsikakis）所解释的，“他的模型以一种过于复杂的方式来执行简单的操作”，换言之，这种装置所具备的功能要比他想象的多得多。

普莱斯于20世纪80年代初去世，但人们对于该装置的研究兴趣却并没有随着他的离世而终止。自1990年起，这些碎片被进一步拍照，做断层摄影、X射线摄影，并由物理学家和天体物理学家进行了查验。据比齐卡基斯介绍，从2005年开始，人们对这些残片进行了先进的表面成像扫描和高分辨率的三维X射线断层扫描。用于

安提基特拉装置复原品的正面。该装置目前已有了专属的陈列室，展出了其全部的碎片

安提基特拉装置的复原品，曾出现在雅典的一次希腊技术展上，这次展览是第二届古代技术国际大会（2005）的活动之一。该装置包含着至少29个大大小小的齿轮，通过摇动手柄，这些齿轮能够同步转动。该装置的发现改写了天文学的历史

扫描的X射线断层扫描仪（被称作“银翼杀手”[Blade Runner]）正是为了揭开这82块安提基特拉残片背后的秘密而专门设计的，重达12吨。这是一把高科技的“大锤”，旨在砸开这枚古代技术的“硬核桃”。

21世纪的科技手段最终揭示的奥秘甚至超越了普莱斯的猜想，同时也确凿证明，这个装置并不是由天外来客设计的，除非它们也是忠实的体育迷。“银翼杀手”发现了一些未知的刻字和“一个4年期的‘奥林匹克’表盘，用来记录古代泛希腊运动会的顺序”[12]。

从某种意义上讲，它将人类活动与天国联系了起来，并使人居于其所能预测的宇宙事件的中心。除泛希腊地区的运动会外，这个装置也能将默冬章呈现出来。“通过摇动一个手柄，指针就会在表盘上转动，从而显示出太阳和月亮在黄道带上的位置，以及对应的太阳历、月相和周期为19年的阴阳历（luni-solar calendar)①，同时还会显示223个月内可能发生的月食和日食。后续的研究表明，它也有可能将古代已知的五大行星的位置展现出来。因此，这个装置堪比一个微缩的‘宇宙’，将人类社会及其计时的日历同古代的宇宙联结起来。”[13]

这种对人们头顶宇宙天体运动的机械模拟，为人类提供了某种掌控其存在的珍贵错觉：对天文现象的预测开始让人类自身的存在以及更广阔的世界变得不再神秘，而在此之前，类似的壮举只能由神谕和神明达成。

这个在爱琴海深处长眠了20个世纪的机械学奇迹，可以说是机械表的前身，同时也是水钟的继承者，将昼夜划分成了小时。再现日月星辰在天穹的轨迹，使人类进一步远离了禽兽，靠近了神明。

---

①一种兼顾太阳、月亮与地球关系的历法，同时具备阴历和阳历的特征，每月都符合月亮盈亏的周期，每年都与季节变化的周期相近。

3月15日

儒略历

凡是对“巨蟒”(Monty Python)[①]的作品感兴趣的学生，一定能够背诵出1979年上映的影片《布莱恩的一生》(*Life of Brain*)当中“罗马为我们做了什么”那段经典台词，作为一部带有宗教调侃意味的喜剧电影，这个桥段是其中最经典的文化遗产之一。

对于那些不熟悉这部电影的人来说，约翰·克里斯(John Cleese)扮演的角色“瑞格”(Reg)是公元1世纪的一位叛乱者首领，他以反罗马的言辞使其拥护者变得群情激奋。在证明了罗马统治者们长期以来对人民进行了敲骨吸髓式的残酷压榨后，瑞格的声调越来越高，提出了一个经典拷问：“他们(罗马统治者)给过我们什么回报吗?”

“供水管道。”有人给出了一个简单的答案，之后人们又接二连三地给出了一系列的答案，最后瑞格试着总结，并且再次提出了那个问题，不过这次的语气明显弱了一些：“好吧，除了卫生、医疗、教育、葡萄酒、社会秩序、灌溉设施、道路、淡水系统和公共健康，罗马人还为我们做了什么?”

---

①亦音译为“蒙提·派森”，成立于1969年的英国喜剧团体，因《巨蟒的飞行马戏团》(*Monty Python's Flying Circus*)小品喜剧系列而崭露头角。他们创新了喜剧的表演形式，作品主题和内容丰富多彩，被称为“喜剧界的披头士”。

尤利乌斯·恺撒①（Julius Caesar，公元前100年—公元前44年）。1559年由安德里亚斯·格斯纳（Andreas Gesner）制作的木版画[1]

其实还可能有一个答案，那就是“对历法进行了整理”。

到了公元前46年，人们普遍觉得当时的历法简直是一团糟。虽然月相循环使人们有了月份的概念，但季节的变化取决于太阳周期，如何在历法上调和两者是一大难题，人们对这一问题的艰辛探索甚至可以追溯至沃伦田地坑时期。

根据希腊的太阴历，古罗马时期的一年包含着10个月份，每个月有30天或31天，剩余50天左右作为补充。相应的处理办法就是在冬季结束时终止一年，然后在“春之新月（对应于罗马历

① 又译为“儒略·恺撒”。

标有7月至12月的一份历书，公元25年，发现于阿米特努姆（Amiternum）考古遗址，位于意大利阿布鲁佐大区（Abruzzo）的拉奎拉（L’Aquila）附近

的3月，标志着这一年的第一天）”出现时开启新的一年。[2]

在之后的数百年里，人们试着对历法做了一系列的小修小补，包括新增额外的月份（1月和2月），但这也只能保证其大致与太阳年同步，因此，每隔一年又增加了一个闰月，而且在有闰月的年份，2月会短一些。出于某些派系的利益，这种欠准确的历法体系常常遭到改动和调整，例如教皇可以通过修改历法使某些官员的任期延长或缩短。至恺撒时期，“民用历已经与季节产生了约3个月的偏差”[3]。

作为帝国的缔造者，恺撒需要一个工具，以便对这个疆域不

罗马的农耕历（公元1世纪，高65厘米，宽41厘米）。每一面均以星座符号标记了3个月份，此外还有天数，昼、夜的小时数，以及对应的农事活动

《作调整的教皇》（*Papal tweaking*）——教皇格列高利十三世（Gregory XIII, 1502—1585），正在主持儒略历改革委员会的会议，1578年（绘者不详）

历法皇帝恺撒像（位于意大利罗马），他遇难的日期也是自己所创历法的3月15日

断扩大，文明不断发展，但领土分散且语言众多的国家进行有效治理。

他召集了当时顶尖的数学家、哲学家和天文学家来研究对策。研究得出的成果就是一部纯粹的太阳历，而且，就在他们着手推行这一新历法的前一年，此前被人们遗漏的所有天数集中暴露了出来，从而构成了一个天数达445天的超长年份，也被人们称为“混乱之年”。依照儒略历，一年为365.25天，它被划分为12个月，这些月份并不反映月相，却能够使昼夜二分日（春分日和秋分日）以及季节的起始与结束日期固定下来。至此，自然事件被纳入一个包含着12个月份的民用历当中，每个月份的天数为30天或31天不等。唯一的例外是包含着29天的2月。为了抵消余出的0.25天，每3年便会有一个天数为30天的2月。恺撒的继任者奥古斯都（Augustus）最终纠正了这一错误，并将第5个月（Quintilis）和第6个月（Sextilis）分别更名为“Julius”和“Augustus”，以纪念两位帝国历法改革家。①

尽管在此后的数百年里还会有进一步的改革和纠正，但使得历法的偏差得以稳定，恺撒大帝仍不失为当今历法的奠基人。

诚如史实，恺撒将这次历法改革及时地推行了下去：虽然他改变了日期的记录方法，却无法改变自己在新历法第二年的3月15日遭遇的骇人厄运。而正是在这一遭遇的感染下，2000多年后的电影《艳后嬉春》(*Carry on Cleo*)的编剧为影片中由肯尼斯·威廉姆斯(Kenneth Williams)扮演的恺撒写出了不朽的台词：“卑鄙！卑鄙！他们全想置我于死地！”

---

① 儒略历规定每隔3年设置1个闰年，但被执行者错误地理解为每3年设置1个闰年。奥古斯都执政后，下令纠正了这个错误。

古代的黄昏
加沙大钟

“公元5和6世纪，加沙地区所有知名的诡辩家都是基督教教徒，虽然他们的一些论辩作品可能出自异教徒之手。不过，其中有两位教徒尤其虔诚和笃信，他们对《圣经》和一些护教作品作了很多评注，其中一位杰出的诡辩家便是普罗柯比（Procopius）。”[1]

《教父学：教父们的生活与工作》（*Patrology: The Lives and Works of the Fathers of the Church*）是奥托·巴登黑韦尔（Otto Bardenhewer）于1908年撰写的早期基督教传记选集。这本书有好几百页，每一页上都密密麻麻地印满了文字。这样一本书读起来虽显枯燥，却使我们得以窥见古典晚期的一些社会风貌。书中有一篇介绍普罗柯比的短文，使我们能够一窥曾经以昏暗烛光照亮地中海沿岸大部分地区的希腊化哲学的最后摇曳。

如果把出生于巴勒斯坦地区的普罗柯比仅仅视为一个“虔诚和笃信”的基督徒，那对这位古典晚期的伟大的编年史家并不公平。作为拜占庭帝国皇帝查士丁尼（Justinian）统治时期的杰出将领贝利萨留（Belisariu）的法务秘书，普罗柯比亲历了对萨珊波斯（Sasanian Persia）、北非的汪达尔人（Vandals）以及意大利的东哥特人（Ostrogoths）的战役，并曾参与对罗马的围攻。他也曾经历反抗查士丁尼皇帝的血腥的尼卡起义（Nika Riots）①，以及查士丁尼瘟疫②的暴发。在离开贝利萨留后，他搬到了君士坦丁堡，去写他的《查士丁尼战争史》（*History of the Wars of Justinian*），在此期间他似乎受到了宫廷的某些恩宠。然而，他后来对这个宫廷逐渐失望，写下了《秘史》（*Secret History*）一书，揭发各种宫闱丑事，例如将皇帝描写成恶魔，将皇后狄奥多拉（Theodora）描述成荡妇，行为举止仍像她之前做娼妓时一样。

普罗柯比还因对查士丁尼的宏伟教堂——圣索菲亚大教堂（Hagia Sophia）的描写而闻名。在公元6世纪，随着加沙地区迎来短暂的繁荣昌盛时期，当地还建造了一座十分壮观的大钟。

虽然这座大钟未能流传后世，但仍称得上是古典晚期的奇迹之一。加沙大钟的存在表明，虽然往日的文明可能遭受过东哥特人和汪达尔人的践踏，但在拜占庭帝国皇帝查士丁尼的长久统治下，地中海东岸的这片弧形地带仍是文化与技艺的兴盛之地，能够创造出精密而复杂的作品，将机巧与华美融为一体。

加沙大钟高约15英尺，在原地俯瞰整个市集广场。[2]普罗柯比显然已经发现，这是一个壮观而精巧的装置；有人说，为这座大钟举行落成仪式的正是普罗柯比本人。他对这座大钟的描述非常详尽，以至20世纪早期的一位学者能据其描述绘制出大钟的图样。它在当时看起来一定十分宏伟壮观，只可惜一张静态的二维

---

① 公元532年1月在拜占庭帝国首都君士坦丁堡爆发的平民起义。起义因参与者高呼“尼卡”（希腊语中意为“胜利”）而得名。

② 公元541—542年在地中海世界爆发的第一次大规模鼠疫，是人类历史上最为严重的瘟疫之一，造成的损失极大，影响深远。

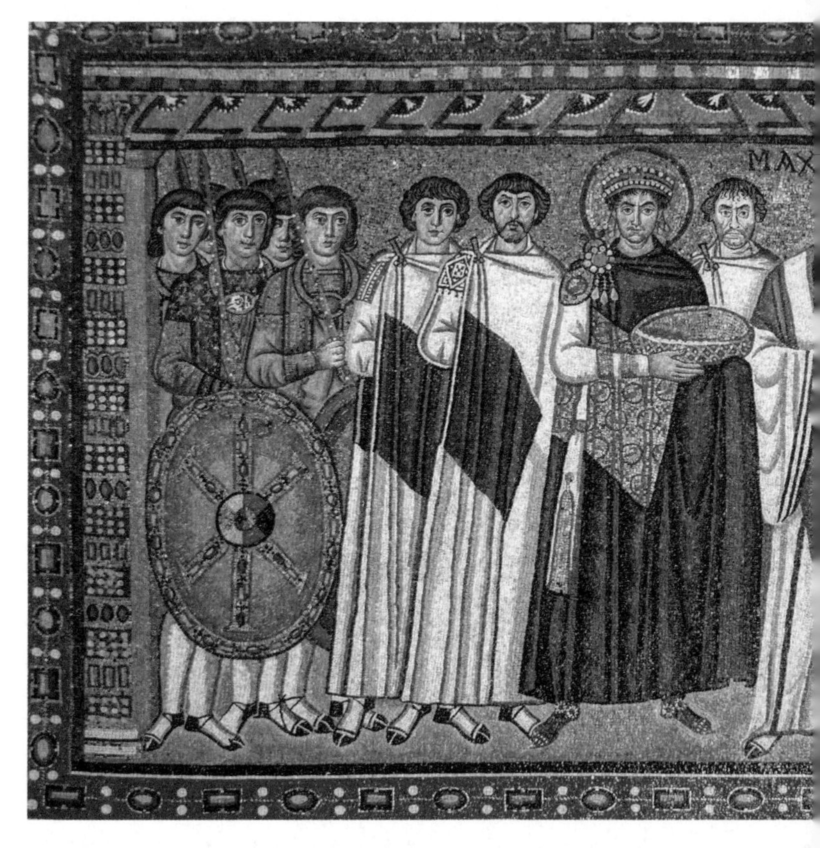

意大利拉韦纳（Ravenna）的圣维塔莱教堂（Basilica of San Vitale）中关于查士丁尼皇帝的马赛克壁画（时间不详）。虽然罗马人对西罗马帝国的统治被粉碎，但在查士丁尼皇帝统治下的东地中海地区，仍然是文化与技艺的天堂

图像不足以呈现它给人带来的冲击。

“这座钟竖立在一个大广场上，通过一种精巧的机械装置使一些机械人物活动起来。建筑正面的弧顶上刻有美杜莎的头部形象，她的眼睛每个小时会移动一下。美杜莎的下方有12扇门，太阳神的形象在门前来回移动。每过一个小时，就会有一扇门打

开，大力神赫拉克勒斯①便会从门中出来，向人们展示他所完成的‘十二功绩’当中的一项。”[3]

在这件机械杰作上，甚至还有“一只拍着翅膀的老鹰围着时钟旋转”，而且“到了晚上，小门后面还有移动的灯光”。[4]

加沙大钟淋漓尽致地展现了该地区在那一时期的技术能力。在之后的数个世纪里，西欧都未曾出现过复杂度和精巧性能够与之相媲美的装置。它代表了自动机（automata）工艺所能达到的高度，而在此方面，位于东地中海沿岸的亚历山大和君士坦丁堡都有出色表现。

诗人威廉·巴特勒·叶芝（W. B. Yeats）在他的诗作《驶向拜占庭》（*Sailing to Byzantium*）中对这个拥有自动机的逍遥世界作了颇为诱人的描述。诗句描写道：

而只要希腊的金匠用金釉，

和锤打的金子所制作的式样，

供给瞌睡的皇帝保持清醒；

① 古希腊神话人物，宙斯与阿尔克墨涅之子，他神勇无比，完成了12项“不可能完成”的任务，即“十二功绩”。

加沙大钟外观的想象图，根据普罗柯比著名的《艺格赋》（*Ekphrasis*）[1]绘制

①Ekphrasis汉译形式较多，本意为“说出”，是西方古代的一种诗歌形式，是对一种景观或美术作品的生动描述，通过充满想象的语言以及对一幅画或一尊雕像的“形态”的深思，诗人可以放大或拓展其内涵。

或者就镶在金树枝上歌唱

给拜占庭的贵族和夫人听①

在古典时期的众多自动机专家当中，最著名的是亚历山大的希罗，他是一位科学家，注射器的发明人。他利用水压知识制作了有趣的自动机，供有闲阶级消遣娱乐。他可以用自动机制作一棵微型的树，树上有小鸟鸣叫；还可以制作从碗里喝水的动物；又或是制作一个能够从葡萄酒囊中倒水的萨堤尔（satyr）②。

加沙大钟展现了当时的科学发展所达到的高度，因为从整体上看，它是一件颇具雄心的器物。举例来说，大钟的基座上装饰有赫拉克勒斯的形象，他手里举着木棒，摆出用力捶打一张青铜质狮子毛皮的姿势。当木棒与毛皮碰撞时，便会发出钟鸣声。钟表历史学家多米尼克・弗莱雄（Dominique Fléchon）表示，这种钟鸣声使“加沙大钟成为已知最早的报时装置”[5]。

而且先进的不仅仅是时钟，还有它服务的那个社会。那些供“拜占庭的贵族和夫人”消遣的自动玩具是一回事，加沙大钟则完全是另一回事。它代表着一群忙碌、富足而安定的人，他们拥有制作此类装置的技艺，并且生活在一个受益于公共时钟带来的同步效应的社会中。在商业活动的中心区域修建这样一座精美而富有创造力的物件，也足以表明这个社会对时间的重视程度。

除了先进的机械原理，加沙大钟还承载着深厚的文化价值和

---

①此处引用查良铮译本，根据原文所引内容略有删改。

②古希腊神话中半人半兽的精灵，酒神狄奥尼索斯的随从，热爱音乐、舞蹈、美酒和女人。

隐喻内涵。

拜占庭是一个基督教王朝。有一个广为人知的故事是，曾有一个天使带着圣索菲亚大教堂的幻象降临在帝国皇帝查士丁尼身边，从此查士丁尼便开始了他虔诚的建造活动，并且在度过漫长的、日益笃信的一生后，查士丁尼将会被封为圣徒。然而，在加沙广场中央矗立着的这座巨钟，展示的却不是基督教的形象，而是充斥着其他宗教的符号。

正如奥托·巴登黑韦尔无奈摇头却又不得不承认的，异教信仰是拜占庭社会难以摆脱的一面，特别是在帝国的军队重新占领了地中海沿岸之后。即使在6世纪的利比亚，仍然能够看到人们在供奉古埃及神明阿蒙。

因此，正如妮科尔·贝莱什（Nicole Belayche）在她的一篇关于加沙非基督教节日生存问题的论文中解释的那样，除了作为对技术实力的一种淋漓尽致的展示，加沙大钟还应当被理解为人们在一个基督教王朝偷偷夹带旧宗教元素的载体。它“使希腊文化得到留存，而基督教对希腊文化的采纳则是通过将其中的宗教元素剔除实现的”。她特别提到了“赫利俄斯（Helios）[①] 驾驶日辇，12只鹰携带着1个王冠”[6]，以及赫拉克勒斯的“十二功绩”，每个功绩对应1个小时，等等。

无论查士丁尼对异教信仰的态度有多么强硬，异教信仰都无处不在——甚至在房屋的内部设计中，也会有精美的马赛克地板对早期的神明进行歌颂。“从外观上看，这些以基督教为正统的

---

①古希腊神话中的太阳神，传说他每日都驾着由4匹火马拉着的日辇，由东向西在天空驰骋，给世界带来光明。

城镇仍然保留着希腊文化的元素，即便只是在建筑和装饰材料方面的重复利用。”[7]很明显，加沙大钟的身上也体现了这一传统，使人们对异教信仰的记忆在基督教时期依然鲜活。

当基督教正忙着扑灭旧宗教传统的余烬时，一个新的一神论教派即将令地中海沿岸的大部分地区燃起新的火焰。查士丁尼死于公元565年，享年83岁。大约5年后，在阿拉伯的城市麦加诞生了一个婴孩，他的追随者们怀着极大的热情将他的信仰传遍了世界，甚至在他死后的100年里，这些追随者们围攻君士坦丁堡，推翻了古罗马的统治，并对巴黎实施了为期仅数天的占领。他的名字就是穆罕默德。

诺曼·戴维斯（Norman Davies）在他所著的《欧洲史》（*History of Europe*）中写道：“伊斯兰教在一个世纪里的传播进展相当于基督教用7个世纪所达到的程度。”[8]在为欧洲的文化图景增添新的层次的同时，他们也对占领地区的科学技术进行了吸收和改善。略显矛盾的是，正是通过征服古老文明，伊斯兰世界得以保留了古代世界的智慧。他们并不是什么野蛮人，而是一群像渴望土地一样渴望知识的人，而且，正如我们将看到的，他们显然也从加沙大钟那里学到了什么。

东方奇迹

查理大帝与哈里发(Caliph)[①]钟

2013年3月3日，伊斯兰反对派冲入叙利亚北部城市拉卡(Raqqa)。3月6日，政府军的残余部队被击溃，从此，这座城市成为落入阿萨德政权的反对派之手的第一个省会级城市。不过，在短短几个月里，“解放”叙利亚的梦想变为了“伊斯兰国”的噩梦，作为新任命的哈里发的都城，拉卡这座城市的名字也为世人所知。

对于拉卡来说，这并不是它第一次作为哈里发的都城：早在1200年前，在拉卡就存在着阿拔斯王朝(Abbasid)第5任哈里发哈伦·拉希德(Harun al-Rashid)的宫廷，这位君主因《一千零一夜》的传说而闻名于世。英国历史学家爱德华·吉本(Edward Gibbon)在《罗马帝国衰亡史》(*Decline and Fall of the Roman Empire*)中写道，哈伦·拉希德的“统治从非洲一直延伸到印度”[1]。随着他将政府和宫廷从巴格达迁往拉卡，位于幼发拉底河畔的这座城市在之后的几年里迎来了短暂却繁荣的文化大发展。在公元8和9世纪，这里曾是世界上文明程度最高的地区。

这位颇具文化修养的哈里发是新建立的统治王朝的最高统

---

① 伊斯兰教教职称谓，用于指称穆罕默德逝世后继续执掌政教大权者。

辉煌与沧桑——位于叙利亚拉卡的巴格达大门，由不知疲倦的格特鲁德·贝尔（Gertrude Bell）摄于1909年

作为阿拔斯王朝的第5任哈里发，哈伦·拉希德曾因《一千零一夜》的传说而闻名于世。他献给查理大帝的钟精密复杂，反映了该王朝当时高超的技艺水平。吉本在《罗马帝国衰亡史》中写道，他的"统治从非洲一直延伸到印度"

治者：8世纪中叶，阿拔斯王朝推翻了倭马亚王朝（Umayyads），不过后者仍然统治着独立的科尔多瓦酋长国（Emirate of Córdoba），并于759年又控制了现位于法国的一些城市。

正当阿拔斯王朝在东方建立起新的统治之时，一个新的统治王朝——加洛林王朝（Carolingian）也在欧洲崛起。基于"敌人的敌人就是朋友"的法则，新成立的阿拔斯王朝和加洛林王朝结成同盟，该同盟构成了一个支点，使欧洲的势力格局发生了转变，也使拜占庭帝国、西班牙的（后）倭马亚王朝、阿拔斯王朝以及快速扩张的加洛林王朝之间达成了某种均势。哈伦·拉希德与他的盟友查理大帝成为自罗马帝国衰亡至中世纪开端这段时间里最杰出的两大人物。

不过，把这个历史时期称为"黑暗时代"（Dark Ages）并不是完全准确的，因为法兰克人在亚琛建立的这个王朝（即加洛林王朝）还是时常能够受到东方文明的映照。为了向查理大帝表达崇高的敬意，被法兰克人称为“波斯王”（King of Persia）的哈伦·拉希德派使者向其进贡了一些精美绝伦的物品。

这些外交礼品包括帐篷、大象、圣墓的钥匙以及一盏水钟，《法兰克王家年鉴》（*Royal Frankish Annals*）对这盏水钟作了大量翔实的描述，它与加沙大钟具有惊人的相似之处。

它是一座“用黄铜制作的钟，是一件非凡的机械装置，它根据一座水钟来记录12个小时的运行，配以许多小青铜球，每临一

欧洲文化与中东文化在查理大帝宫廷里的神奇相遇，为后来的画家提供了广阔的想象空间：巴洛克风格画家雅各布·约尔丹斯（Jacob Jordaens）对进贡时钟的环节情有独钟，于1660年创作了《哈伦·拉希德哈里发的使者向查理大帝进贡时钟》（*The envoys of the Caliph Harun al-Rashid offering a clock to Charlemagne*）

个钟点便有一枚小球落下，敲响位于下方的镲片，发出声响。钟上还有12个骑马的小人，每当钟点结束时便会依次从12扇窗中走出来，同时，之前开启的窗口也会随之关闭”[2]。

这座钟的高超技艺似乎表明，它的计时功能不过是一个借口，制作者更多的是想用以展现这件装置所具备的机械效果和视觉趣味。对于在古老的西罗马帝国的旧版图上崛起的新君主们来说，此类器物必然给他们留下了长久的印象。

法兰克人对这件装置感到十分新奇，以至将其视为魔法之物。但在中东地区，此类发明却是家喻户晓的。在受到野蛮人入侵后，欧洲虽然丧失了古典时期的很多技术，但仍有大量介绍古代工程技术的文本被从希腊文翻译成了阿拉伯文，相关的技术原理也得到了进一步的发展。水钟从埃及的卡纳克神庙一路延续下来，并在之后的500年里，随着伊斯兰世界在计时器上的不断精进，而得到进一步的发扬光大。

最终，这项技术传到了西方，起初是通过高级别的外交使团，之后，随着十字军东征时期的来临，那些从中东地区返回欧洲的人讲述了他们在那里耳闻目睹的各种巧夺天工的工程壮举。

水钟技术很快就传入了欧洲的修道院，在那里，人们给它装上了早期的报时器，用以提示晨祷、午前祷、晚祷及其他祷告活动的时间。

缺失的一环

苏颂的水运仪象台

11世纪的欧洲并不是一个太宜居的地方。当时的维京人（Vikings）还在袭击和入侵不列颠群岛，诺曼人（Normans）也正在地中海沿岸地区推行统治，同时，在伊比利亚半岛（Iberian peninsula），两大一神论宗教——伊斯兰教和基督教也正在进行一场持续到哥伦布时代的战争。

彼时，刀剑的力量远胜于笔墨，不过，在修道院和教堂的某些角落里，学习仍在谨慎地进行着，并开始悄悄地向外扩散。虽然具体时间不详，但人们认为，独立于教会学校的自由学堂于1088年在意大利的博洛尼亚（Bologna）组建。这一时间也使得博洛尼亚大学“自称”欧洲最古老的大学，该校“兴起于11世纪末的博洛尼亚，当时语法学、修辞学和逻辑学领域的一众学者聚集在此，投身于法学研究”[1]。

因此，这座城市也理所当然地因其作为教育活动的原点而享有盛誉，事实也证明，在欧洲通往启蒙运动的进程中，教育发挥了至关重要的作用。但平心而论，在教育、科学以及文明方面，当时世界的另一端要略胜一筹。

在博洛尼亚发现欧洲大学教育雏形的那一年，对当时在汴京（今开封）任刑部尚书的苏颂来说，也是不同寻常的一年。

当时正值中国的宋朝，在宋王朝的统治下，中国在知识、科学和社会发展上都迎来了爆发式的进步。似乎很难想象，中世纪的欧洲与中国的宋朝处于同一个历史时空之下，而且都居住着相同的物种——人类。例如，当时宋朝的官员需要通过科举考试进行选拔，而英国直到1870年才实行类似的做法。公元9世纪发明的活字印刷术促进了知识的传播和纸币的使用；相比之下，直到几百年后的15世纪，古腾堡（Gutenberg）才将印刷机引入欧洲。

在宋朝，人们崇尚知识，精英地位源于教育，即使按照当时的标准，放眼宋朝全域，苏颂的学问也是出类拔萃的。他的兴趣极为广泛，假如他生活在几百年后的欧洲，也一定会成为历史上著名的文艺复兴学者。在朝廷身居要职的苏颂，还被称作植物学家、动物学家、工程师、建筑师、古籍研究者、制图师、药理学家、医生、矿物学家、外交家和诗人。

年轻时，苏颂便已在省试中名列前茅。1088年，他以制钟师和天文学家的身份献给皇帝一个木制的宝塔模型。它看上去有点像玩具小屋，但像苏颂这样严肃的人断然不会只向皇帝展示一个小孩的玩具。

事实上，它是一台大型计时和观象仪器的预制模型，包含一个浑仪和一个计时器，计时器上有若干雅克马尔（自动人偶），用来敲钟报时。该模型只是一项可行性研究的开端：建造全尺寸的结构需要投入巨大的人力物力，而且误差也要做到足够微小。

该装置虽是由水力驱动的，但并不属于漏壶水钟，而是机械钟，以流水作为动力源。它与明轮蒸汽机船或水磨类似，在一个大转轮上安装有一系列的勺状或杯状桨叶，持续的水流会灌入其

苏颂是宋朝著名的博学之士，集科学家、数学家、政治家、天文学家、制图师、钟表专家、医生、药理学家、矿物学家、动物学家、植物学家、机械和建筑工程师、诗人、古籍研究者和外交家等身份于一身。苏颂在计时器领域取得了里程碑式的发展

中，灌满每个桨叶所用的时间是均等的，从而提供了有规律的动力。

苏颂的这个想法始于他以使臣身份出使北方的敌对政权辽国之后。他曾前往辽国皇宫，向契丹皇帝致以美好祝愿。契丹皇帝的生日正好在冬至日这一天。苏颂按照本国历法推算的冬至日前去拜访，但到了之后发现，按照契丹历法推算的冬至日要早一天。由此可能造成的尴尬情形可想而知，但苏颂神态自若，据后来的史家记载，他“泛论历学，援据详博，虏人莫能测，无不耸听”[2]。最终，契丹人允许他按照原定的日期（即按照北宋历法推定的日期）贺寿。回到京城后，苏颂向宋神宗汇报了他的经历。宋神宗虽然对他成功地用历法推算出了契丹皇帝的生日感到满意，但还是问了苏颂，到底哪个历法更准确。苏颂坦言，实际上，“虏人”编制的历法更胜一筹。听到这个回答后，宋神宗下令处罚了犯错的官员。

宋神宗（赵顼），北宋第6位君主

苏颂成功地完成了一次重大的外交行动：将宋朝的历法强加给了敌对国家的君主，尽管他之后向皇帝坦言，他知道这套历法是不准确的。苏颂的这种现实主义谋略或许能够得到马基雅维利[①]的欣赏，但这样做绝不只是为了保全皇家的体面。正如前近代亚洲史学家薛凤（Dagmar Schaefer）指出的，向敌国承认这样的历法错误会严重削弱本国实力：

> 中国的历朝历代均以“天命”推行统治，这种天命体现在朝廷能够预见和解释天、地、人三界的各种寻常和异常之事，界时定分，从而号令天下。因此，对日月星辰和天气现

---

①马基雅维利（Machiavelli，1469—1527），意大利政治思想家和历史学家，其思想被称作“马基雅维利主义”。他强调实用主义，认为政治行为应当以实际利益为出发点，而非道德准则。

象的观测对于宫廷生活和中央官僚制度来说都是至关重要的。宫廷和国家官僚制度也反过来对钟表的设计产生了影响。[3]

一台精准的天文钟不仅是一台技术装置，用来拓展人类对自身在宇宙当中位置的认识，它还是一件统治工具，是与上天的直接联系方式或者说“热线”，是上天的智慧得以流入宫廷的渠道。显然，在宋朝长期以来引以为豪的学问上，皇帝不能落后于“虏人”。

因此，苏颂设想了一种多用途的机械，能够模拟天体的运行，给出日出日落的时间，并用一系列的数字来标示时间的流逝——一种高度精密的皇家布谷鸟自鸣钟。

苏颂在建造钟塔时恰逢宋朝相对和平与繁荣的时期。这座水运仪象台作为一项大型工程，旨在提升统治王朝对天文学的认识以及朝廷的威望。为对该模型进行检验，并对该项目的可行性进行论证，朝廷专门召集大臣们开会商议。

> 当他们确信该模型是可行的，朝廷的画师便开始为塔楼和浑仪的建造制作设计图。4个月后，大臣们被召集到崇和殿，检查浑仪的建造方案。在之后的2个月里，浑仪又被铸造成青铜器，塔楼的修造也开始了。[4]

尽管苏颂天资聪颖，但这座钟塔的设计图也不是凭空创造的。有学者认为，早在公元2世纪，汉朝的工程师和数学家张衡就制造了水运浑象。此外，在更近的宋朝也出现了钟塔的前

在正式铸造金属部件之前，苏颂先用木材制作了一个等比例、可运行的模型进行测试。相对于较近时期的欧洲学者们的“重新发现”，苏颂的水运仪象台成为将早期水钟（即依靠测量水位变化进行计时的钟）与13世纪末在欧洲研制的全机械钟表链接起来的那个“缺失的一环”

身——公元979年，张思训制成了“太平浑仪”。

不过，苏颂的钟形制更大，设计更为先进，代表了这一时期在天文和机械发展上的巅峰。苏颂在向宋哲宗解释这一概念时，用了诗一般的语言：

> 盖天者，运行不息，水者，注之不竭，以不竭逐不息之运，苟注挹均调，则参校旋转之势，无有差舛也。[5]

这里的“均调”是通过互相连通的水槽实现的，其中最后一个水槽的水位始终保持在同一高度，以确保从该槽底部流过的水能够始终以匀速注入主齿轮的桨叶中。这些桨叶带动了驱动轴旋转，而驱动轴又带动了竖直的、几乎贯穿了整个建筑的主传动轴，继而控制着时钟的8个齿轮。

苏颂计时器里的水运擒纵机构的功能模型。该装置如今被视为衔接纯水力漏壶水钟与全机械擒纵钟表的“缺失的一环”

> 这些被齿轮驱动着的人偶执行了各种各样的功能，它们身穿不同颜色的服装，会在标定的时间从塔楼的门廊里出现，有的举着小牌，有的敲钟，有的打锣，有的击鼓。[6]

当时的景象定会让人感到不可思议。此外，各个部件的命名也传递出一种诗意和神秘感：天池（其中的一个水槽）、天柱（传动轴）、天轮（与浑仪相连的齿轮）等。

最有名的传动链被命名为“天梯”，如今被视为苏颂的水运仪象台中最重要的发明。它是负责驱动浑仪的。苏颂对其描述如下：

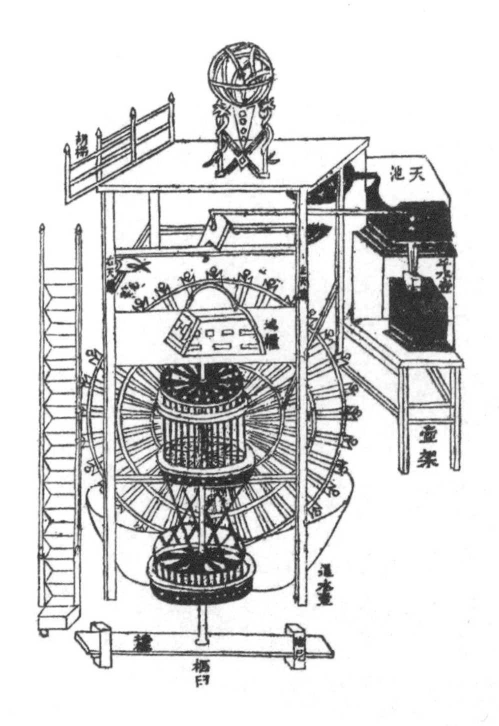

由中国古代的天文学家、诗人、外交家和博学家苏颂设计的“新型机械浑仪和浑象”，他为皇帝建造了一个复杂的天文钟，该钟被安放在一座10米高的塔楼里

位于日本诹访湖时间科学馆的苏颂的水运仪象台的复原品

其法以铁括联周匝，上以鳌云中天梯上毂挂之，下贯枢轴中天梯下毂。每运一括，则动天运环一距，以转三辰仪随天运动。[7]

可惜的是，这台壮观的机器并不能保护北宋王朝免遭女真族的入侵，后者于1125年拆除了苏颂的这件杰作，将其运往燕京（今北京）。不过，即使有原作者留下的详细记录，他们也未能将这台机器重新组装起来。随着这件天才作品实体的消失，这座神奇的水运仪象台也同它的制作者一道在历史的记忆中淡去了。而且，随着西欧开始在文化上占据主导地位，钟表的历史也以欧洲为中心展开了书写。

苏颂和他的作品湮没在历史的长河当中，直到1956年，剑桥的3位学者——李约瑟、普莱斯和王铃找到并翻译了苏颂的文稿，该作品才得以重见天日，正如一份报纸所妙喻的：它构成了钟表史上那“缺失的一环”。

商场里的大象
贾扎里象钟

不知未来的历史学家和考古学家将如何评价迪拜的商业街，想必十分有趣。这里的酒店、景点和购物中心不过是在20世纪的最后20年里开始兴建的，将一个有数百年历史的贸易港一举改造成为中东地区的中国香港或新加坡。

仅仅过了一代人的时间，原来的荒芜沙漠就变成了最繁荣的地方：拥有世界上最高的建筑以及全世界最大的劳力士钟表店，只是这个浑身散发着珠光宝气的国度引以为豪的其中两件事。

不过，迪拜的购物中心或许是最具特色的。其中一些配备了空调的、集工程性与娱乐性于一体的建筑杰作是如此巨大，有时甚至需要用电动观光车将精疲力竭的购物者从爱马仕专卖店运往富丽堂皇的普拉达专卖店。如果说购物是发达国家首要的休闲活动，那么迪拜就是其中一个最重要的休闲娱乐中心。

迪拜人知道，只靠购物是不行的，所以这些商业殿堂之中设有餐厅、美食广场和大型展演场所。在增强购物体验的趣味性方面，迪拜始终引领着人们的想象。抛开单纯的电影院、保龄球馆和健身房，迪拜的阿联酋购物中心里有一个巨型的玻璃鱼缸，往来的购物者可以观赏五颜六色的鱼群。此外，这里还设有滑雪场，甚至为了应景，还专门养了一群帝企鹅。

几千年后，未来的考古学家们或许能在这里发掘出企鹅的遗骨和滑雪板的残片，进而相信在21世纪初，气候变化是如此剧烈，以至亚南极区域的生命形态能够在波斯湾地区繁育生长。

但是当这些考古学家对迪拜的伊本·白图泰购物中心[①]进行挖掘时，将会遇到另一个难解之谜：这里有一个等比例的13世纪机械象，背上驮着一顶高耸的象轿，象轿上载着人类、龙首蛇身的怪物和几只鸟。

这只机械象是对阿拉伯水钟的真实重现，也是古埃及水钟技术的登峰造极之作。这件天才发明里面蕴含的精明机巧、奇思妙想和古怪离奇最令人着迷不已。它是一座钟，同时也是伊斯兰世界回应列奥纳多·达·芬奇的杰作：我们有伊斯梅尔·贾扎里（Ismail al-Jazari）。

这件融合了各种文化的华丽作品，吸纳了中世纪伊斯兰世界的建筑风格、印度象的形象、中国的龙蛇装饰寓意，以及希腊/拜占庭的水动力技术，反映出13世纪初伊斯兰世界的对外交流已深入世界各个角落。

贾扎里是一个充满创意的数学和工程学天才，他写的《精巧机械装置知识之书》（*Book of Knowledge of Ingenious Mechanical Devices*）堪称一个古怪机械装置的宝库。至13世纪初期，始于拜占庭的斐洛和亚历山大的希罗的水动力自动机已在世上流传了1000多年。但这件象钟展现了阿拉伯世界将古希腊和拜占庭的水

---

①伊本·白图泰购物中心以14世纪探险家伊本·白图泰（Ibn Battuta）的名字命名，俗称“六国城”。整个中心内部以伊本·白图泰游历过的6个国家为主题，分为安达卢西亚城（Andalusia）、突尼斯城、埃及城、波斯城、印度城和中国城。

贾扎里代表作的复原品：象钟，位于迪拜的伊本·白图泰购物中心的“印度城”区域

动力自动机概念提升到了新的高度。

当时，伊斯兰世界在科学、医学和天文学方面都走在了世界的前列，而贾扎里就是在这种文化背景下诞生的最优秀的机械工程师。这件象钟，顾名思义，展示的是一头大象的形象，象背上顶着一个精心制作的象轿，轿中载着表现各不相同的人物（包括一个抄写员和一个象夫）、鸟和蛇，是作者在技术、想象力、智慧和知识等方面的能力的集中展示。作者在一篇文章中对这件作品作了详尽描述，其中一段话让人不禁联想到儿童漫画《戴帽子的猫》（*The Cat in the Hat*）中的类似情节：一件东西在另一件东西上摇摇晃晃地保持着平衡，接二连三，以此类推。

摘自贾扎里《精巧机械装置知识之书》，这幅插图展示的是他设计的一个水钟，外形是一个印度象夫骑着大象，象夫手里拿着一把斧子和一个锤子——看来人们当时并不怎么关心动物的福利

通过把这些形形色色的人物、动物和

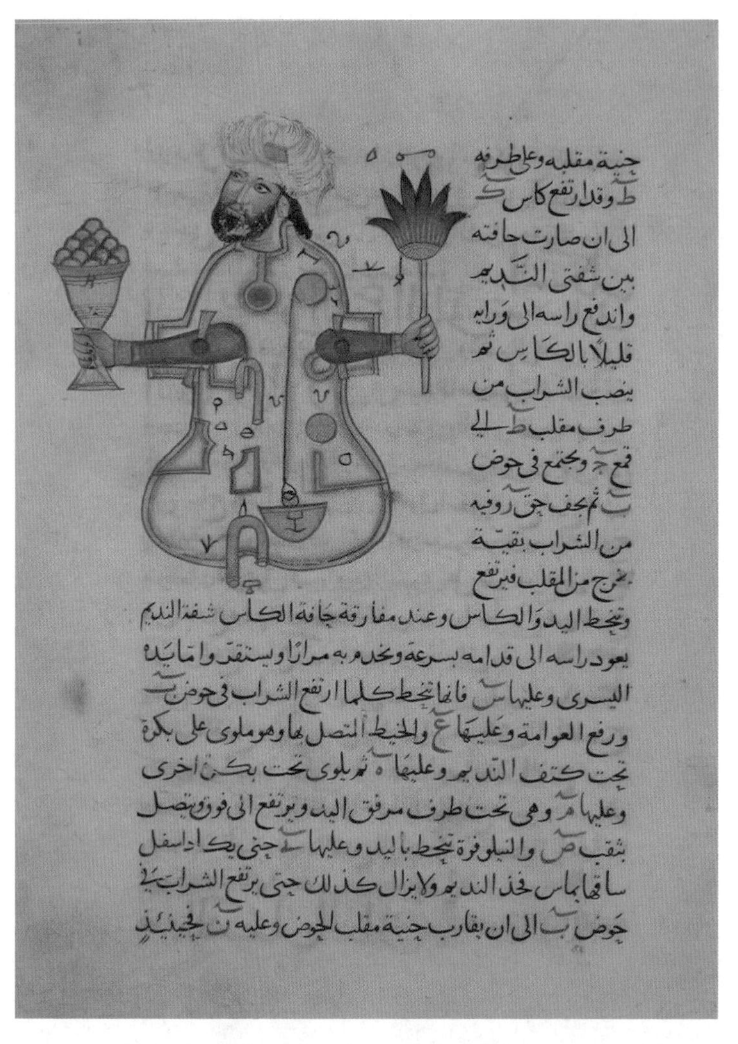

这也是取自《精巧机械装置知识之书》的一幅插图，名为“饮宴侍者”（Figure for Use at Drinking Parties），由此看来，贾扎里的天才创意可不仅仅限于钟表学和水动力机械学

贾扎里象钟是阿拉伯水钟的巅峰之作。这件作品充满了古怪、机智和天马行空的想象，光是对它的复杂描述便让人不禁联想起一本名为《戴帽子的猫》的儿童漫画书中的类似情节

物品结合在一起，贾扎里又为它们赋予了生命，用来为人们报时。抄写员手中的笔可以定时移动，实际上充当了钟的指针。每过半个小时，象轿顶端的小鸟就会发出鸣叫，然后一个人物会打开猎鹰的喙，一颗小球从鹰口中滚出，落入下方蛇的嘴里。球的重量使蛇身失去平衡，就像个孩子坐在跷跷板上一样，蛇头一端向下靠近一个花瓶，小球落入花瓶中，蛇身再次返回原位。象夫用右手的斧子敲击大象的头部，同时举起另一只拿着锤子的手。小球脱离大象的身体，撞击一个镲片，并被收集到一个托盘当中。抄写员将他的笔归位，再过半个小时，驯鹰人会打开另一只猎鹰的喙，上述过程将重复一遍，第二个小球落入托盘中，表示一个小时过去了。

这样一个复杂的三维互动装置的动力究竟从何而来呢？秘密就藏在象轿下方一个隐蔽的水箱里，里面有若干绳索和一个穿孔的漂浮筒。穿孔可以使漂浮筒在半个小时内缓慢下沉，而且其中一条绳索与一个滑轮组相连，可以控制抄写员的动作。当水位达到漂浮筒敞口的边缘时，它会发生侧翻并迅速下沉，从而触发一系列戏剧性的动作，从释放象轿顶部的球开始。而大蛇叼球的动作会牵动一条绳索，使漂浮筒重新浮出水面，进入下一次沉降过程。一旦小球脱离蛇口，后续的运动就会触发象夫的动作。

贾扎里写道："我曾在不同的时间和地点，利用穿孔漂浮筒制作过各种各样的水钟，并最终将这些设计融入了同一座钟当中，也就是这座象钟。"[1]

假如贾扎里知道，在他的这件终极作品问世800年之后的今天，仍然能够让阿拉伯世界的游客，特别是这些购物中心的顾客感到惊艳，他一定会感到欣慰。

不过，就在贾扎里将水钟的科学和艺术提升到新高度的同时，一种全新的技术正“蓄势待发”，或者，更准确地说，准备在蛮荒狂野的西部世界闪亮登场。

通往天国的机械阶梯

理查德的天文钟

恰如文艺复兴到来前的第一缕模糊的微光，在欧洲经历13世纪的最后25年时，机械钟出现了。13世纪70年代早期，一项重大突破呼之欲出。正如英国天文学家罗伯图斯·安格利克斯（Robertus Anglicus）在1271年记载的："钟表匠们正试着制作一个能够与太阳绕地球旋转一周所用时间完全匹配的齿轮，但他们无法完成。"[1]

换言之，他们当时正试图制作一座相当于24小时制式的钟。到了13世纪，随着时钟开始出现在教堂和修道院，人们显然已经掌握了制作这种齿轮的方法。

在现代人的印象里，"钟表"一词意味着时间的视觉表达——在带有指针的表盘上，校准小时、分钟等信息。不过，在13世纪晚期，对于机械器具来说，"分钟"还是一个相当微小的时间单位，尚无法进行捕捉，光是"小时"就已经构成了足够大的挑战。典型的"报时钟"（horologe，源自古希腊语，意为"报时者"）不过是个类似于自动敲钟系统的发声装置，以召唤僧侣定时祷告。

不过，它们简单的外观掩盖了其所代表的技术飞跃的重要性。最早的机械钟是依靠一种由金属杆（verge）和原始平衡摆

（foliot）构成的（立轴横杆式）擒纵机构实现的，该机构介于动力源（重锤）和齿轮之间，齿轮在重锤的拖曳下发生旋转，继而驱动机器发出对时间的视觉或听觉提示。这种擒纵机构承载了重锤的“原始”能量，并将其转化为一种规则的、均匀的能量供应，从而驱动齿轮平稳运转。在这个过程中，擒纵机构会发出一种有节奏的“咔哒”声，是人们从未领略过的。不过，在13世纪末，这是昭示未来的声音。

可惜的是，由于历史上并未记载此种装置的发明者的姓名，所以我们无从得知，对现代人来说如此熟悉的“咔哒”节奏，最初的聆听者究竟是谁。不过，历史还是记住了沃灵福德的理查德（Richard of Wallingford）。

1292年，在爱德华一世（Edward I）治下的英格兰似乎已经有了这种早期的像铁器般制作粗糙的钟，以钟声为信众们传递时间的讯息。就在这一年，一位铁匠的妻子诞下一名男婴，取名为理查德。理查德10岁时，成了孤儿。

收养他的沃灵福德修道院副院长看到了他的天赋，将他送往牛津大学求学。经过6年的学习，理查德成为圣奥尔本斯修道院（St Albans）的一名修士。3年后，他回到牛津大学，并在那里待了9年，撰写了大量关于数学、三角学和天文学方面的文章。他发明了一种被称为“阿尔比恩”（Albion）的天文计算仪器，以及用来测量行星间角度的天文学仪器——矩形仪（rectangulus）。他还编写了一份关于时钟和占星仪器构造的综合研究报告。

回顾这些从中世纪欧洲的修道院流传下来的珍宝，我们不免会将这些宗教场所视为学术的堡垒、庇护美丽花朵的花园，或是

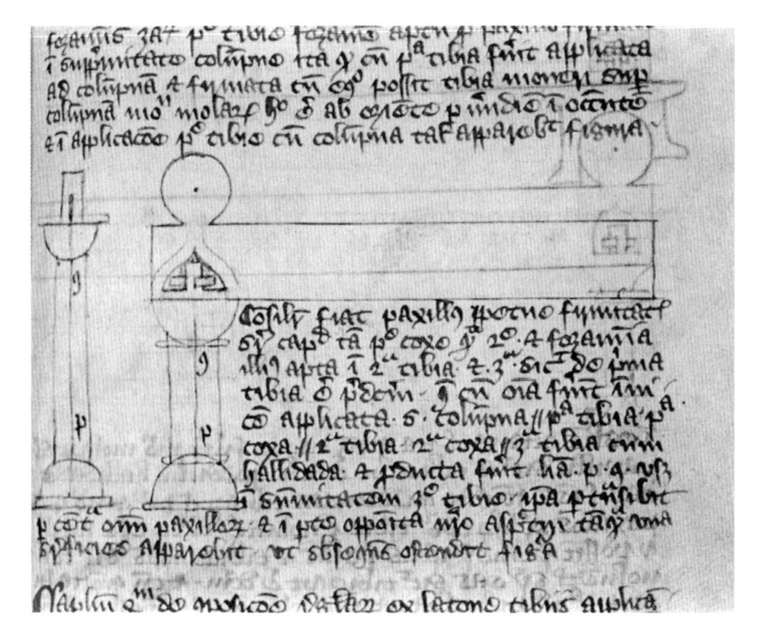

理查德关于矩形仪的论文片段，藏于牛津大学博德利图书馆（该论文由J. D. 诺思［J. D. North］在1976年编辑和翻译）

这片被无知与野蛮的汪洋吞没的大陆中，可供避难的学习岛屿。可以肯定的是，类似的宗教机构在当时就已存在，不过，在14世纪早期，圣奥尔本斯修道院并非其中之一。

即使在最友好的时期，圣奥尔本斯的市民与修士之间的关系仍然是紧张的。神职人员身上的枷锁无法轻易地套在市民身上，对于市民来说，这是教会对人自身权利的侵犯。为表达不满，他们在修道院院长的池塘里钓鱼，对教会施加的种种限制进行嘲弄。其中，最令人难以承受的限制是禁止民众私自磨面，只能使用修道院的高科技且收费昂贵的磨面器械，这也是14世纪民众长期不满的源头。市民与修道院的紧张关系时常会演变成现实的冲突：修士受到攻击，教会财产遭到破坏。

修士们因其享有的特权而受到憎恨，在修道院院长埃弗斯登的休（Hugh of Eversdone）任职时期，双方的关系跌到了新的低谷。“修道院被圣奥尔本斯的市民们围困了40天，遭受了至少两次大规模攻击。在此期间，食物被禁止进入，甚至有人试图在建筑物里纵火。修道院里的两个人在被迫支付了一大笔钱后才被准许进城。国王的事务官也遭到拘捕和囚禁。”[2]

这是一个动荡不安的时期。1327年1月，国王爱德华二世被废，幕后主使便是他的妻子——王后伊莎贝拉（Isabella）。她与她的情人以尚未成年的儿子爱德华三世的名义即位，直到爱德华三世推翻了他母亲的统治。理查德于1327年9月回到圣奥尔本斯时，恰逢修道院院长休离世。他随即开始以休的继任者的身份行事，不过，他也因对神秘学说的探究而招致非议。一位编年史家曾写道，“有些人说，他通过星座预测出休即将离世，而他自己将成为修道院院长”[3]。如果他真的作了这些预测，那么他一定会对这些预测的准确性感到满意。

尽管麻烦不断，圣奥尔本斯修道院仍是一支“潜力股”，它在全国所有修道院中居于首位，且这一地位得到了教皇的认可。在担任修道院院长的前几年里，理查德采取措施巩固了自己的权威：他挫败了若干同僚牧师企图驱逐他的阴谋，从而平息了内部争斗；没收市民的私人磨坊，使市民归顺，进而恢复了修道院的主要收入来源之一。

这笔收入对于修道院来说是急需的。圣奥尔本斯修道院可能拥有“基督教世界最长的正厅”[4]，不过，在1323年，正厅南部的几根立柱倒塌了，主教休因缺乏资金而无能为力。在恢复了修道院的财力后，理查德本可以做一些急需的修葺工作。然而，他选择把这笔钱用在另一个计划上，毫无疑问，该计划早已在他那聪敏的头脑中酝酿多年了。早在牛津大学图书馆里，他可能就对这一计划进行了书写、描绘和畅想，如今，身为一个著名宗教机构的领导者，他有了调配各项资源的实权。

他得以将自己的想法付诸最终的检验，建造一座当时最先进的钟，集占星仪器和新发明的机械钟的功能于一体。当然，这也可以视作理查德渴望建造一个足以彰显修道院声望的凭据，它致力宣扬上帝的荣光，通过一个机械装置，将尘世与天国联络起来。当然，也有可能只是因为，对于出身于铁匠家庭、历经坎坷一路走来，最终出任圣奥尔本斯修道院院长的理查德来说，他希望利用自己亲手打造的机器，去触及星辰，去沟通上帝。

不过，醉心于此的理查德也引起了一番议论。他的教友们互相抱怨，认为在教堂尚需修葺的时候，把钱花在这种没有价值的项目上实属浪费。甚至连前来祷告的国王爱德华三世也对这一花费表示质疑。不过，对于王室的责难，理查德是有所准备的。正如修道院的记录者所记述的："他怀着应有的敬意回答道，在他之后的继任者当中，能够为修道院的修葺工作寻找工匠的人大有人在，然而，在他死后，却没有人能够完成这项业已开展的工作。实际上，他所言不虚，因为在这项技术上，当时并没有类似的装置，而且在他健在的时间里，也没有谁发明过类似的东西。"[5]

尽管这座天文钟的发明工作在理查德在世期间可能就已完成了，但它的建造工作却未能在同期完成。绘有理查德肖像画的插图手稿，虽然几乎没有透露他的性格特征，却是一份直观的个人履历。例如，我们可以看到年轻时的理查德，他当时已经削发，伏案桌前，身边堆放着书籍，左手揽着牧杖，右手举着圆规：画面中的他身着修士装束，充满了学者气质。不过，对理查德后来的生活的描述却展现了一个迥然不同的形象：此时他已成为英格兰第一修道院的院长，他头戴主教冠，手执牧杖，不无骄傲地用

这是一幅14世纪的微型人像画，描绘了身为圣奥尔本斯修道院院长的沃灵福德的理查德专注于工作的场景。他的牧杖清晰可见，不过，他的注意力显然集中在手里的圆规上

手指向微微泛光的塔钟表盘。不过他本人的面容却因麻风病而变得不堪，他的鼻子看起来就像是眼睛与嘴巴之间的一道创伤，与其说是人的鼻子，不如说是一个长着酒刺的猪鼻子。

修道院院长沃灵福德的理查德，他的面貌因麻风病而显得斑驳不堪。图中他颇为自豪地用手指向自己用毕生心血研制的精密天文钟（出自《圣奥尔本斯黄金书》[*Golden Book of St Albans*]，1380年）

理查德已是行将就木之人。他曾感染了麻风病，最有可能是在去往法国阿维尼翁（Avignon）拜会教皇的路上感染的。除了每况愈下的身体，他的房间遭受雷击更是加速了他的衰亡。1336年，理查德去世，钟的建造工作也陷入停滞。直到1349年至1396年，托马斯·德·拉·梅尔(Thomas de la Mare)担任修道院院长的时期，这座钟才宣告完工，存放在修道院的南耳堂。即使到16世纪，它仍能给参观者留下深刻印象。古文物研究者约翰·利兰（John Leland）在16世纪30年代看到这座钟时感到无比震惊。利兰将理查德誉为“那一时期最伟大的数学家”。利兰写道，理查德“动用大量人力，耗费巨大成本，投入精湛的技艺，才建造出这台计时机器。在我看来，它在整个欧洲是独一无二的；人们可以看到日月星辰的运行、潮水的涨落，以及由数字和记号组合而成的几乎无穷尽的提示信息”[6]。

其实，利兰很可能是被这些看起来神秘莫测的几何学符号迷惑了，他不由得浮想联翩，试图弄清楚这台机器是如何显示天体的位置，又是如何预测月食发生的时间的。此外，一个名为“命运之轮”（Wheel of Fortune）的功能（后来的学者们认为这是一种自动机，用以向人们揭示命运的无常），更是为这件装置平添了几分神秘。这个装置出现的时间虽然比玫瑰战争（Wars of the

圣奥尔本斯大教堂内展示的理查德钟的天文学表盘、鸣钟和齿轮

理查德钟的复原品，位于圣奥尔本斯大教堂

Roses）还早了100多年，但其所使用的技术连200年后的学者们都感到费解。

比感到费解更糟糕的是，都铎王朝在推行宗教改革的过程中摧毁了理查德的这座钟，直到20世纪60年代相关文献的发现，才使得该钟的复原品得以建造。不过，这座天文钟的概念影响力是如此巨大，以至仅靠几页遗稿，其名声就传承了400多年。

据一位研究中世纪钟表的学者说，在生命的最后阶段，身体衰弱、饱受麻风病的折磨、在遭受过雷击的房间卧床不起的理查德准备去见他的上帝时，“据说曾因在科学研究上投入的时间多于神学而感到懊悔。不过，在神学上的损失，却成全了其对中世纪天文学和技术的巨大贡献”[7]。

假如他将自己的一生投入神学和祷告当中，那么在他将死之时，面对自己所追求的灵魂不朽，或许会多一分从容，少一分恐惧。但是，历史赋予了他另一种不朽——使他免于陷入一种晦暗，在这晦暗之中，不知埋没了多少至少看起来更加虔诚的神职人员。

会打鸣的铁公鸡

斯特拉斯堡奇观

喙已破缺，脖颈处似乎也生了蛀虫。两翼显得十分凄凉，曾经华丽的尾羽已折断得七零八落。一条腿上的后爪已经不见。

从法国斯特拉斯堡的装饰艺术博物馆（Musée des Arts Décoratifs）的角度来看，如果有谁错把这件大公鸡的复原品看成一个风向标，那简直是对这件中世纪的机械杰作的一种亵渎。据该博物馆介绍，这件作品是1350年左右由某位早已作古的不知名工匠用木头和铁制成的，据说是现存最古老的欧洲自动机样本。

早在达·芬奇诞生前100年，这只饱经风霜的雄鸡曾是斯特拉斯堡奇观上最耀眼的装饰物：一座为中世纪的欧洲津津乐道的

早在达·芬奇诞生前100年，这只饱经风霜的雄鸡曾是斯特拉斯堡奇观上最耀眼、叫声最嘹亮的装饰物：一座为整个中世纪的欧洲津津乐道的公共时钟。这件作品是1350年左右用木头和铁制成的，据说是现存最古老的欧洲自动机样本

游客们正在法国斯特拉斯堡大教堂观赏这台天文钟

公共时钟。

正如我们在希腊化时代的加沙和查理曼王朝的宫廷所看到的，用自动机来点缀计时器功能的传统由来已久。不过，到了14世纪中叶，水钟技术就像电子计算机时代的算盘一样，已成为明日黄花。

机械钟的时代已经到来，一旦人们掌握这项技术，它将被证明对中世纪欧洲的文化、社会和经济现象——城市的兴起——发挥举足轻重的作用。欧洲的大城市争先恐后地兴建起各种大型的机械钟，而这些机械钟又反过来定义了城市本身。不论从现实还是从象征意义上讲，这些居于城市生活中心位置的大型市政时钟开始敲响统一的社区之声。当米兰的圣高达教堂（San Gottardo）迎来该市的第一座公共时钟——“campanile delle ore”（字面意为“时辰钟塔”）时，周边的街区即被称为“Contrade delle ore”（字面意为“时辰区”）。在伦敦，由公共时钟所赋予的身份认同感是如此强烈，以至那些在圣玛丽勒波教堂（St Mary le Bow）的钟声所及范围内出生的市民将自己称为“伦敦人”（Cockney）①，而这样的钟声如今仍然每一刻钟敲响一次。

不论是农奴还是贵族，所有人都可以听到这种时间之声。它传入了每一个家庭、作坊、宫殿、大厦、市政厅、法院和计算所。这些巨大的时钟产生了一种同步的社会黏合剂，使各处市政机构、宗教场所、商事场所和家庭能够根据钟声来安排各自的活动。

随着“黑暗时代”的远去，由重锤驱动的机械钟预示了文艺复兴的到来。凭借圣高达教堂的时钟，米兰在14世纪30年代开塔钟之先河，但没多久，但凡有些自尊心的城邦均不甘人后，确保自己也要拥有一座壮观的塔钟：摩德纳（Modena）在1343年有了自己的塔钟；第二年，雅各布·德唐迪（Jacopo de' Dondi）为帕多瓦（Padua）的卡拉拉王子（Prince of Carrara）制作了一件天文钟；1347年，蒙扎（Monza）也紧随其后。

越来越多雄心勃勃且精心制作的时钟出现，将日常报时、天文学与占星学显示，以及自动机相结合，成为城市地位的象征。在之后的几个世纪里，虽然许多城市会通过更多令人印象深刻的博物馆、火车站和机场来提升自己的名气，但在14世纪的欧洲，正是这些钟表艺术的公开表达，标志着一个城市的财富、声誉和技术先进程度。这些塔钟的制作工艺严格保密，以至出现了一种

① 音译为考克尼，特指出生于伦敦东区的当地民众，亦指这些人所讲的伦敦口音。

谣言，说在工程完工的时候，钟表匠的双眼就会被弄瞎，以防止他将来为竞争对手制造出能够与之媲美甚至更为精美的作品。

提到自动机，最受欢迎的对时钟功能拟人化处理的装置就是雅克马尔，一种人形的敲钟木偶，早期的机器人。一件华丽的时钟对一个城市的意义是如此重大，以至当勃艮第公爵腓力二世（Philip II）于1382年洗劫佛兰德斯（Flanders）的科特赖克（Courtrai）时，他拆掉了该市的时钟，包括雅克马尔和其他装置，并用马车运回自己的首府第戎（Dijon），将该时钟安装在当地的大教堂里：这象征着对一个城市的阉割和对另一个城市的称颂。

作为城市里最重要的建筑，大教堂是存放此种装置的理想场所。14世纪中期，一座哥特式大教堂矗立在了阿尔萨斯平原上。

即便在尚未竣工的时候，高耸的斯特拉斯堡大教堂已经令当地的其他建筑黯然失色，它俯瞰着东起黑森林、西至孚日山脉的整个周边地区。自建成起，直到19世纪，该教堂一直是世界上最高的建筑。它被视为哥特式建筑的代表作之一，建设工期历时数百年，耗费了几代工匠和工人的心血。在阳光的照耀下，这些砂岩似乎会闪闪发光。许多年来，它的美深深印刻在诗人和小说家的想象当中，激发他们不断进行令人目眩的夸张创作。

对于中世纪的旅行家们来说，当他们像飞蛾扑火般不辞辛苦、跋山涉水地来到这里，看到在人世间傲然矗立的天国景观，那种震撼一定是无法言表的。在影片中，伴随这种景象传来的是悠扬的管风琴乐曲和空灵的唱诗班歌声。来到了令人神往的基督圣营，从巨大的玫瑰窗下走过，再从拥有精美雕刻的西立面进入教堂内部，在这座如洞穴般空旷的大殿里，各种珍奇美景映入眼

哥特式建筑的代表作之一：在阳光的照耀下，斯特拉斯堡大教堂似乎在闪闪发光，在很长时间里，它的美深深地印刻在诗人和小说家的想象当中

帘，不免让这些游客们如痴如醉，流连忘返。

这座名为“三贤钟”（Three Kings Clock）的钟建于1352年至1354年间，比大教堂的竣工时间早了将近100年。该钟上带有天文历和自动星象盘（一种用来测量地平线上恒星的高度、识别行星以进行导航计算的机械装置），构成了这个奇观的一个重要部分。它的钟琴装置向四周传播着具有宗教气息的音乐，而且正如该钟的名称所示，其自动机完全就是对耶稣降生的一种机械式再现，包括代表东方三贤士的人物形象，向圣母和圣子致敬。然而，即便东方三贤士给圣子赠送了黄金、乳香和没药，依旧还有来自雄鸡的可怕预兆，预示着耶稣基督将遭到门徒背叛而受难。在那段遥远的岁月里，这只雄鸡曾经拍打着翅膀，张着嘴伸出舌头，通过簧片和风箱高声啼叫。

在那个读写能力远未普及的年代，对基督降生的这种机械式的再现，每天都在提醒人们关于基督教的神迹及其在宇宙中的核心地位，正如在星象盘上所显示的那样。此外，在一块绘有图案的木板上，作者将代表十二宫的符号同人体的各个部位联系起来，从而为中世纪一种被认为包治百病的治疗手段——放血——预测吉凶。如此便表明，人的切身福祉与天国中漫游的天体以及天国的统治者之间隐含着一种无可回避的联系。

时钟成为大教堂生活的中心，有说法认为，在大教堂里上演的反映耶稣受难和死亡的“耶稣受难”剧情“还会与钟报时的钟声以及自动机的动作相配合”[1]，特别是雄鸡那凄惨的叫声，与“彼得三次不认主”① 的情节巧妙地一致。

因此，在几个世纪里，来到斯特拉斯堡大教堂参观的游客们都被这座大钟所吸引和触动，从中获得指引和启示，直到雄鸡无法鸣叫，钟也年久失修。到了16世纪70年代，斯特拉斯堡的奇观已经为重获新生做好了准备。

康拉德·达西波迪厄斯（Conrad Dasypodius）是16世纪最著名的数学家之一，通过他的精密构思，斯特拉斯堡时钟作为终极的科学成果获得重生，其设计囊括了那个时代数学、机械和天文学方面的几乎全部成果。

在1571年至1574年间，大教堂高耸的耳堂回荡着施工的声音，一座新的、更奇妙的奇迹将要从大教堂的地面升起。钟表匠伊萨克·哈布雷希特（Isaac Habrecht）和约西亚斯·哈布雷

①《路加福音》22:34：耶稣说：“彼得，我告诉你，今日鸡还没有叫，你要三次说不认得我。”

希特（Josias Habrecht）负责将达西波迪厄斯的百科全书式的机械设计图转化为实体。风格主义画家托比亚斯・斯特莫（Tobias Stimmer）用他的画笔为时钟增添了更多戏剧性元素，他被要求为这件时钟制作一个恰当的、包罗万象的装饰方案，呈现出“从历史到诗歌、从神圣典籍到世俗文本中描绘时间（或者可被看作是描绘时间）的内容”[2]。

就其本身而言，尽管该教堂在当时是新教的礼拜场所，但它的外观多少使其成为巴洛克式宗教建筑的先驱，这种建筑风格出现在16世纪晚期的特利腾大公会议（Council of Trent）和反宗教改革运动（Counter-Reformation）之后。正如经过精心绘制的教堂

由艺术家托比亚斯・斯特莫在16世纪创作的斯特拉斯堡大教堂天文钟的木版画。斯特莫被要求为这件钟表制作一个恰当的、包罗万象的装饰方案，呈现出“从历史到诗歌、从神圣典籍到世俗文本中描绘时间（或者可被看作是描绘时间）的内容”

穹顶，天使和圣徒在引人入胜的云景之上纵意俯仰，呈现出一派生动的、电影般的天堂景象，康拉德·达西波迪厄斯设计的时钟也极尽装饰之能，使大教堂的会众得以一窥上帝的心境。

对于这座60英尺高的作品来说，“时钟”一词似乎过于简单，不足以概括其全部内涵——它称得上是一件技术的杰作，给人们奉献了一席丰盛的视觉盛宴。惊人的视觉效果，使它不同于人眼所见的任何一件事物。在上面我们可以看到行星的运动、日（月）食的预测、标注了闰年的万年历，以及各项宗教活动的非固定日期。有趣的是，与1000多年前的加沙大钟一样，在这座钟上也可以看到某些古老宗教的痕迹：一些古代的神明出现在以其名字命名的星期的旁边。

与教堂追求的永恒属性形成鲜明对比的是，这座钟上充满了关于人类生命快速流逝的提示。例如，每一刻钟都有相应的人物形象出来报时：第一刻钟是一个手拿苹果的小孩儿，第二刻钟是一个手持弓箭的少年，第三刻钟是一个手持木棍的中年人，最后出场的是一个用拐杖敲钟的老人。

这些自动机将死亡与时间的力量体现得惟妙惟肖。普林斯顿大学教授安东尼·格拉夫顿（Anthony Grafton）表示，这座巨大的钟充当了“一本形象的历书，体现了时间和变化所具有的摧毁一切的力量”[3]。

达西波迪厄斯毫不吝啬对它的赞美之词，称赞其提供了对宇宙的实时展现，包括“世纪、行星的周期、太阳和月亮的年度和月度转动情况”[4]。而且，尽管这座钟完成并展示在斯特拉斯堡全神贯注的虔诚礼拜者面前，但它所体现的对宇宙的科学理解却是朝着动摇以“地心说”为核心的现有知识的方向迈进的。

斯特拉斯堡奇观的重生是“地心说”时代最后的科技巨作之一，虽然这座巨钟歌颂了托勒密关于行星运行的观点（即“地心说”），但也有证据表明，康拉德·达西波迪厄斯在寻求两头下注：在钟丰富的装饰图案中加入了哥白尼的形象，以此表达对新兴的“日心说”的一种谨慎欢迎。

前来大教堂参观的游客们即使忽视了哥白尼这位波兰异端天文学家的画像，也是情有可原的，因为有太多东西在分散他们的注意力。这座钟的尺寸如此巨大，相比之下，参观者在它面前就显得十分渺小了。它本身似乎就顶得上一个小教堂的规模：它的中央是一座大型的主塔，顶部饰有一个精心设计的结构，既像王冠，又像主教冠。一侧是一个螺旋状的楼梯，另一侧则是一座尺寸稍小的塔，顶端安放着那只14世纪的公鸡，经过修复，它得以重振雄风，又开始一边鸣叫一边拍打翅膀了。

这座钟在世界上赫赫有名，在16世纪晚期，它的名声随着雕刻作品传播开来。受到斯特拉斯堡奇观的启发，一些颇有资财的人纷纷聘请这座钟的制作者伊萨克·哈布雷希特为自己制作精美的钟琴天文钟以资收藏。

正如大英博物馆目前所收藏的一件1.4米高的藏品一样，对于文艺复兴时期颇看重身份地位的王子王孙来说，诸如此类的器物都是上乘之选，注定将被收入他们各自的珍宝阁当中。

在之后的几个世纪里，时间再一次在斯特拉斯堡奇观身上留下了痕迹，到1789年，这座钟再次陷入沉寂。由于当时的欧洲被法国大革命以及之后的拿破仑战争搅得天翻地覆，因此这座钟

洛林的夏尔（Charles of Lorraine）围攻斯特拉斯堡时的画像，远处的大教堂清晰可见，俯瞰四野

的保管人未能及时对其进行修复，也是情有可原的。

不过，到了19世纪30年代，急需的修复工作终于开始了。1843年1月，《伦敦新闻画报》(*Illustrated London News*）报道称："经过近期的修缮，这件机械杰作（有时也被称为"巨大的时钟"[Monster Clock]）焕发了新的活力，并且还在斯特拉斯堡召开的一个简短的科学大会上进行了展示。"[5]斯特拉斯堡奇观再续辉煌，并且在经过了将近5个世纪后，仍然受到科学界的关注。

虽然不像达西波迪厄斯对钟进行的重建那般大刀阔斧，但让-巴蒂斯特·施维尔格（Jean-Baptiste Schwilgué）所承担的检修工作也是非常重大的，所以人们习惯将经过检修之后的天文钟称为位于斯特拉斯堡大教堂的第3座天文钟。如今迎接游客驻足观览的，正是基于施维尔格对达西波迪厄斯钟“解读”后的产物。

据《伦敦新闻画报》报道，施维尔格做出的最大改进是“增加了一个机械装置，通过该装置，在12月31日的午夜，日期不固定的各项宗教节日和斋戒活动就会在日历上自动排期，包括它们在第二年所出现的次序”[6]。此外还有一个基于哥白尼学说的行星仪、恒星时（天文时间）的指示，以及其他各项功能。

不过，施维尔格也注意保留了钟具有的一些古老趣味，包括对日（月）食的指示，以及日历和星象盘等功能。而且，对钟的这次修复工作将人们的注意力再次聚焦于一个有数百年历史的奇妙装置上，其所拥有的复杂性，以及巴洛克式华丽的外观，深深吸引了维多利亚时代那些喜爱新奇事物的人，但其中最引人关注的还是自动机。在19世纪，最具吸引力的就是用提线木偶演绎的基督降生的场景剧，这同14世纪的情况别无二致。

《伦敦新闻画报》饶有兴致地描述道：“一周的每一天都有不同的神作为代表，这些神分别掌管着不同的行星，它们也因此而得名。当天主事的神会乘着马车腾云而过，到了晚上，就会由下一位神来接替。在基座前摆着一个地球仪，托于一只鹈鹕的两翼之上，太阳和月球绕着它转动，而机械部件则隐藏在这只鸟的身体里。”[7]

除了由代表不同人生阶段的4个人物形象来对整刻钟进行报时，死神的形象也出现在钟上。“从坟墓中复活的救世主驱逐了死神，同时，救世主也允许死神响起钟声”[8]，用一根骨头作为钟槌。此外，天使们也有各自的任务，一个天使负责用权杖敲钟，另一个天使则会在整点结束时翻转沙漏。在时钟主塔的顶端有一架钟琴，能够演奏出若干曲调，最后出场的是一只新的公鸡，它一边鸣叫一边拍打翅膀，宣告活动结束。

维多利亚时代的两位著名人物，查尔斯·狄更斯（Charles Dickens）和威尔基·柯林斯（Wilkie Collins），都很喜欢后者所谓"精彩的木偶戏"[9]。该钟给柯林斯留下了尤为深刻和持久的印象。在他1866创作的奇情小说《阿马代尔》(*Armadale*）中，斯特拉斯堡时钟及其"木偶戏"为书中的一个悲喜剧情节提供了基础。退伍军官兼业余钟表师米尔罗伊少校（Major Milroy）花费数年时间制作了一台钟，借鉴了斯特拉斯堡时钟的各种设计。不过，这个

数个世纪以来，斯特拉斯堡大教堂的钟激发了作家和画家们无穷的想象，它甚至还出现在维多利亚时代的一部奇情小说当中，也就是由威尔基·柯林斯所写的《阿马代尔》。书中，身为业余钟表师的陆军少校看到他的钟发生了严重的机械故障，而这台钟正是以斯特拉斯堡的那座钟为灵感创制的

装置演奏的不是宗教音乐，而是军队的进行曲，上面的自动人偶表演的是卫兵的更换，或者至少是这么设计的：这台装置出现故障，从而导致了一场荒诞的“木偶大灾难”。[10]

除了对19世纪的早期奇情小说[11]产生影响，人们对于这台新改良的斯特拉斯堡时钟的关注甚至再次激发了文艺复兴时期不同城市之间钟的竞争。当时，同样拥有一座壮观天文钟的法国博韦市的市民宣称，他们的钟比斯特拉斯堡的更高级。（或许是博韦市的市民羡慕斯特拉斯堡有源源不断的游客前往吧。）

阿尔萨斯（Alsace）①很快便纠正了这一严重的误解。1869年，这场争论甚至还蔓延到了《科学美国人》杂志上：斯特拉斯堡的施特克尔布格（Steckelburger）先生指出，“当我看到博韦钟的所谓指示功能清单时，顿觉可笑，因为这些功能在我们的钟上全都能得到展示，而且我们的钟能展示的还不止这些”[12]。

施特克尔布格自诩为“斯特拉斯堡荣誉的捍卫者”，并且表示，博韦市的官员们犯了一个小学生才会犯的低级错误，那就是将自己的钟同斯特拉斯堡奇观的2.0版本进行比较，也就是由达西波迪厄斯设计的版本，而不是施维尔格的改良版。

施特克尔布格还认为，斯特拉斯堡时钟的先进性表现在它的一些部件的活动过程的漫长和罕见。博韦市对他们每400年运行一次的“闰世纪”（leap century）指示器感到自豪，但与斯特拉斯堡时钟所能做到的相比，仍然是一个不折不扣的“快动作”。

他先慷慨地承认：“博韦钟每400年变化一次，这很了不起！”

① 斯拉特斯堡所在地。

马西米利亚诺·佩佐利尼（Massimiliano Pezzolini，生于1972年）为这台天文钟绘制的水彩画，选自“斯特拉斯堡天文钟”（Strasbourg. Die Astronomische Uhr）系列作品，该系列包含4个部分

接着话锋一转，用一种夸张的语气补充道：“但是当你问一个天文学家‘分点岁差’（precession of the equinoxes）[1]是什么意思，他会告诉你，这是宇宙中地球的某种旋转运动，周期约为2.5万年到2.6万年。好了，我要告诉您，先生，斯特拉斯堡的钟上就有一个专门追踪这一运动的球体，它的自转过程也是同样的漫长，能够确保25920年自转一周。”

①在天文学中，指以春分点（或秋分点）为参考系观测到的回归年与恒星年的时间差。

施特克尔布格还以宽慰的口吻解释道，斯特拉斯堡钟并不指望游客们苦守在教堂里，等着看这件装置完成它的任务："这是可以测量和推算出来的；没有必要坐等它完成动作，因为这实在是太漫长了。"[13]但即使没有机会看到这一功能，这台伟大的钟还有很多迷人之处。

文艺复兴时期的失传珍品

德唐迪的星象仪

它是中世纪最伟大的失传文物之一。当谈到机械学、科学和钟表学时，乔瓦尼·德唐迪（Giovanni de' Dondi）的星象仪（Astrarium）与叶卡捷琳娜（Catherine the Great）的琥珀屋（Amber Room）享有同等的文化地位。实际上，正如著名的琥珀屋在20世纪末期得到重建一样，在差不多相同的时间，具备星象仪功能的复原品也被建造出来。它就像尼斯湖水怪一样，吸引了人们的无限遐想——而且这台星象仪真实存在。

这台星象仪在历史上留下了令人好奇的痕迹，散见于图纸、见闻、书信、记录和其他各种佐证材料当中。它曾经被一些王侯甚至皇帝所拥有，然后就消失了，只在历史的沙滩上留下一串足迹。

作为中世纪的一件标志性的发明，机械钟甚至可以与后来出现的印刷机一争高下。作为工具，它们使欧洲得以从黑暗时代的阴霾中脱离出来，像长期生活在洞穴当中的蝾螈一样，最终沐浴在文艺复兴的暖阳之下。在中世纪，没有哪件钟表能够像德唐迪的星象仪这样引发人们的无限遐想和赞叹。

如果单纯把它称为钟的话，无疑是对其成就的贬损。被誉为“人文主义之父”的诗人彼特拉克（Petrarch）曾经目睹了这台装置，

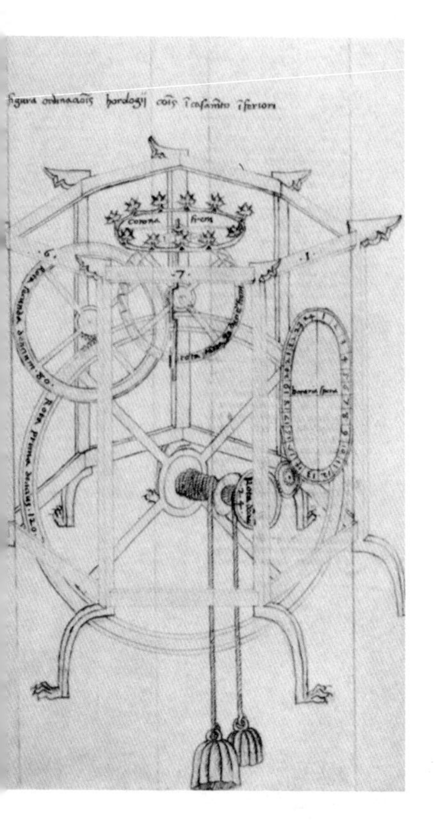

德唐迪星象仪的设计草图。德唐迪是14世纪的一位天文学家。星象仪也被称为天文钟和行星仪。作为中世纪最伟大的失传器物之一，德唐迪的星象仪堪称科学上的奇迹，甚至被一些人称为那个时代的终极科学成就，可谓空前绝后

并表示只有“无知者”[1]才会把它说成是钟。那些有幸一睹这台星象仪的人会发现，这台仪器深深地印刻在了他们的脑海中，并且改变了他们的想法。

有人给这台仪器的发明者写信道：“我又看到了这座地球钟，它是您亲手制作的，是您在思想最深处构思而成的。对我来说，这是一件了不起的作品，巧夺天工，是人的智力难以企及的，也是历世历代从未有过的。虽然西塞罗（Cicero）说波西多尼乌斯（Posidonius）曾经建造过一个旋转天球，能够通过太阳、月球和五大行星演示天国在白天和晚上的景象，但我并不相信当时人类在技术上能够达到那种高度，也不认为有那么高的工艺水准。我也不相信后人有谁能够做出或者超越它，因为在流逝的时间里，我们从未见过如此高超的创造力。”[2]

这是件激动人心的作品：在古典时代从未出现过，在文艺复兴时期出现而深受推崇，同时代的物件中无出其右者，而且在未

来也很难被超越。这是一个强有力的象征，展现了人类的才智，以及人对自身在宇宙中所处地位的认知发展。

在那个时代，人们认知里的“钟”与星象仪之间的差距，大致相当于布莱里奥（Blériot）实现跨海峡飞行的单翼机与阿波罗11号宇宙飞船之间的差距。

这台星象仪有1米高，由两部分组成，固定在一个七边形的框架内。顶部的7块带指针的表盘看起来有点像星象盘，显示了太阳、月球以及当时已知行星——水星、金星、火星、木星和土星——的运动。（当然，这也反映了当时人们所持有的“地心说”宇宙观。）

面板下方包含一个24时制的时钟，表盘上标注着固定和非固定日期的宗教活动时间；一个展示太阳和月球轨道交叉点的表盘；此外还有两个表盘，分别用来显示帕多瓦的日出时间和日落时间。

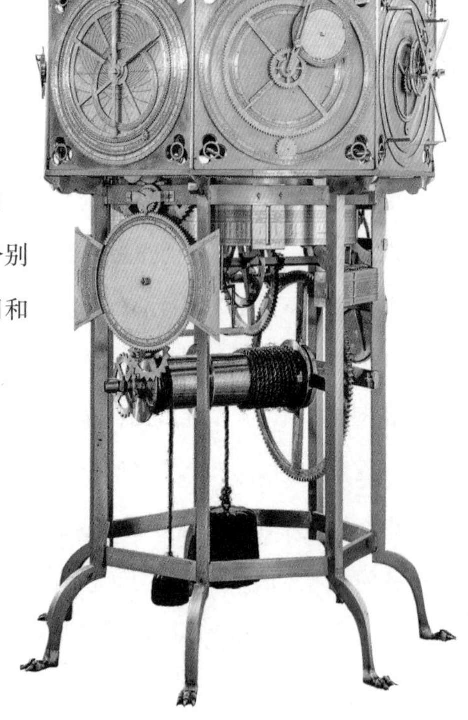

在机械学、科学和钟表学上，乔瓦尼·德唐迪的星象仪与叶卡捷琳娜的琥珀屋享有同等的文化地位。实际上，正如著名的琥珀屋在20世纪末期得到重建一样，这台可运行的星象仪也得到了复原，例如这台由思维茨和里德公司（Thwaites and Reed limited）制造的复原品

作为中世纪世界的一大真正的奇迹，它是当时的学者、哲学家、天文学家和社会名流膜拜的对象，他们都相信，“没有任何书面或是其他形式的记录表明，世界上曾有过像这台星象仪一样精巧而又宏大的反映天体运动的装置。前面提到的约翰大师（Master John）技艺高超，亲手打造了这座钟，完全取材于黄铜和铜，未经任何其他人的协助，一做就是16个年头”[3]。

约翰大师，也就是乔瓦尼·德唐迪，是中世纪最杰出的人物之一，但如果说他除了切削齿轮、研究齿轮传动比率和描绘天体的运动，没有其他什么贡献，那将与人们所认识的德唐迪有所不同。在帕多瓦巨大的河谷草地广场上矗立着一尊18世纪晚期的雕像，他身裹长袍，看起来有点像古罗马的托加袍，左手手指轻抚着一架环形球仪，俨然一副超凡脱俗的知识分子形象。不过，他似乎并不是中世纪沃

在帕多瓦巨大的河谷草地广场上矗立着一尊18世纪晚期的雕像，他身裹长袍，看起来有点像古罗马的托加袍，左手手指轻抚着一架环形球仪，俨然一副超凡脱俗的知识分子形象。而他的现实生活似乎更丰富多彩

灵福德那种典型的修士学者形象，而是更接近于那些引人注目的人物，他们凭借自身的能力推动了文艺复兴运动的蓬勃开展，在求知若渴的精神的感召下，积极投身于宫廷生活、数学、外交、天文学、政治、医学等领域。

或许在那个被称为文艺复兴的历史时期当中，人们相信所有的知识是可以被一个人的头脑吸收的，只要这个人足够用功，活得足够长。这确实是一个值得我们深思的假设，举例而言，14世纪40年代末爆发的黑死病使欧洲大陆失去了1/3的人口，各种各样由重锤驱动的钟在中世纪欧洲大陆上刮起的热潮也被这场灾难泼了冷水。

德唐迪或许不是达·芬奇一样的人物，但我们至少可以说，他是达·芬奇的原型，或者可以说是伟大达·芬奇的早期雏形。他出生在一个成就非凡的家庭。他的祖父是一名医生；他的父亲雅各布出生于大约1290年，曾在帕多瓦医学院担任讲师，同时还撰写过医学论文，并为帕多瓦的卡拉拉王子设计和建造了一座天文塔钟。

在卡拉拉家族的统治下，14世纪的帕多瓦在科学和艺术上百花齐放，而雅各布的儿子乔瓦尼·德唐迪则是其中最艳丽的一朵。14世纪50年代初，德唐迪成为帕多瓦大学的医学教授，此后他的事业突飞猛进。至50年代末，他还成为天文学、逻辑学和哲学学院的教员。他的学术声望也不再囿于帕多瓦当地：14世纪60年代，他在佛罗伦萨讲课，后于1371年被任命为驻威尼斯大使。第二年，他成为边界委员会的5位市民之一，该委员会是为了确立同威尼斯共和国的边界而组建的。不过，这个边界委员会的工作似乎并不成功，因为就在同一年，他是投票支持对威尼斯发起徒劳无益的战争的帕多瓦人之一。

他失去了弗朗切斯科·达·卡拉拉（Francesco da Carrara）的资助，不过，就像“冷战”时期一些科学家在引诱下叛逃那样，德唐迪很快便找到了新的靠山：吉安·加莱亚佐·维斯孔蒂（Gian Galeazzo Visconti），并把这台星象仪作为礼物献给了他。

残酷而又开明的维斯孔蒂从他父亲那里继承了对帕维亚的统

吉安·加莱亚佐·维斯孔蒂，米兰第一任公爵，德唐迪著名的资助人。这幅彩色木刻画出自1906年米兰市政府发布的城市介绍

治权，推翻了他叔叔在米兰的统治，夺取了对维罗纳（Verona）、维琴察（Vicenza）、皮亚琴察（Piacenza）的统治权，并在一段时间内控制了帕多瓦。他以这些地区作为根基，发动了针对博洛尼亚和佛罗伦萨的进攻。维斯孔蒂在收集文玩方面一如他开疆拓土般贪婪，而德唐迪的星象仪则是其中的顶级珍宝。

不出所料，维斯孔蒂"使他名利加身"[4]。甚至在70多岁时，德唐迪仍然活跃于意大利北部的宫廷权谋当中。直到1389年，他在前去拜访热那亚总督的时候染病，并于同年6月22日在米兰辞世。不论从哪个方面来说，他的一生都是非常忙碌的，尽管如此，他还是抽时间写了几篇论文，结了两次婚，生育了9个子女，当然，还发明了这台旷世之作。

除了设计和组装这台装置所需具备的深厚知识，最了不起的是构思这台机器时所发挥的想象力。参观者在惊叹于该装置的巧妙和精准的同时，也在向构想出这个装置的开阔思想表达敬意。德唐迪表示，这台装置的目的是"让高深的天文学变得通俗易懂。天文学曾经受到占星学谬论的困扰和削弱，导致早期关于行星运动的很多研究都变得荒唐可笑"[5]。

维斯孔蒂将这台机器放置在著名的绘有壁画的公爵图书馆的中央，这里的书卷是用皮革和绒布装订而成，并用银锁链加以固定，阳光透过屋顶的窗户洒进来，照在这些锁链上闪闪发光。彼特拉克以及后来的达·芬奇都曾在这里学习，达·芬奇曾经在这里画过一些详细的草图，有人认为就是这台星象仪的行星表盘。实际上，在当时的文化印象当中，这台星象仪和这间图书馆已经紧紧地联系在了一起。

当斯福尔扎王朝掌控米兰后，斯福尔扎公爵对这件星象仪念念不忘，他派了一位大臣对帕维亚图书馆的藏品进行清点，同时，鉴于这座天文钟的原作者已经过世了，斯福尔扎公爵还指示这位大臣去寻找能够复原这座钟的人。

当弗朗切斯科·斯福尔扎（Francesco Sforza）取代了维斯孔蒂家族的统治，在米兰建立起新王朝时，尽管当时距离这台星象仪问世已有100年左右了，但它仍被视为最重要的公爵财宝之一（公元1460年肖像画，藏于米兰的布雷拉美术馆）

在1460年，也就是这台星象仪问世100多年之后，尽管此时它已经不能完美地运转了，但其魅力仍然不减，以至数学家雷吉奥蒙塔努斯（Regiomontanus）专门记录了它是如何吸引一些重要访客来到帕维亚城堡的："为了一睹它的风采，无数的高级教士和王公贵族纷纷涌向那里，仿佛是去见证一个奇迹。而且不得不说，这件作品是如此精美，它的功能是如此不同寻常，见过的人无不啧啧称奇。"[6]

到16世纪20年代，它虽然还没有散架，但已年久失修，功能不再完整。然而，即使是作为14世纪的一堆废铜烂铁，这台星象仪仍然能够激发人们的想象。它甚至引起了查理五世（Charles

V）的注意，当时他正在博洛尼亚举行神圣罗马帝国皇帝的加冕礼，这是16世纪最重要的仪式之一。皇帝和教皇都屈尊来到这个位于波河流域（Po Valley）的城市，为一个年轻人举行庄严的仪式，将上帝的祝福赐予新的政权。这个年轻人已经继承了西班

即使作为14世纪的一堆废铜烂铁，这台星象仪仍然能够激发人们的想象。它甚至引起了查理五世的注意，当时他正在博洛尼亚举行神圣罗马帝国皇帝的加冕礼，这是16世纪最重要的仪式之一。图为神圣罗马帝国皇帝查理五世（旁边是他的英国水犬）。1532年，雅各布·赛泽内格尔（Jakob Seisenegger, 1504/5—1567）创作，奥地利，16世纪

牙的王位，以及西班牙从其在“新世界”的财产中获得的巨额财富；此外还包括现位于法国东部的勃艮第地区和低地国家[①]，以及位于欧洲中部的哈布斯堡（Habsburg）。作为哈布斯堡家族的成员，这位年轻人有很大概率当选为神圣罗马帝国皇帝，实际上也确实如此。

查理五世是一位“宇宙君王”（universal monarch），坐拥欧洲大部和远在大洋彼岸的神秘领地，拥有巨额财富和大量的私人礼品。对于这位拥有文艺复兴世界所能提供的一切财富的人来说，到底该拿什么东西作为他加冕仪式的贺礼呢？答案自然就是这台星象仪的部件。尽管它们已经锈迹斑斑，但仍然足以激起这个世界上最有权势之人的兴趣。

查理五世召集了工匠、天文学家和钟表师，试图对这些生锈变形、摇摇欲坠的部件进行修复。只有一个人说他能修，但同时这位年轻人还自信地补充道，考虑到这台仪器的状态，它已经失去修复的价值了。这个年轻人来自克雷莫纳（Cremona），被称作贾内洛·托里亚诺（Gianello Torriano），或华内洛·图里亚诺（Juanelo Turriano）。他花了20年时间设计出了这台星象仪的最新版本，并且又花了3年半的时间进行建造，而此时的查理五世已经不再是加冕仪式上那位雄姿英发的君主了。

由于同法国旷日持久的战争，国内的叛乱，奥斯曼帝国的抗衡以及新教诸侯的违抗，查理五世过早地衰老了。他的力量和财富消耗殆尽，最终隐退于埃斯特雷马杜拉（Extremadura）的一个

① 对欧洲西北部沿海地区的荷兰、比利时和卢森堡三国的统称。

修道院。在这里，贾内洛·托里亚诺用各种自动机来取悦他的王室资助人，包括会飞的小鸟，会在餐桌上行进、骑马、打斗和奏乐的小兵，而这台星象仪的痕迹也逐渐模糊了。

有一种说法认为，这台星象仪被托里亚诺修好了，并且一直陪伴在退隐的皇帝身边，直到半岛战争（Peninsular War）期间，仪器所在的修道院被苏尔特元帅（Marshal Soult）付之一炬，星象仪也就此被毁。不过，史密森尼学会（Smithsonian）的西尔维奥·贝蒂尼（Silvio Bedini）和牛津大学科学史博物馆的馆长弗朗西斯·麦迪逊（Francis Maddison）在他们关于这台星象仪的详细论文中，对这一说法表示质疑。

相反，他们更希望这台星象仪正沉睡于某个古堡的角落里，经过了几个世纪的长眠后，等待着被人们唤醒。“可以想象，将来有一天，在意大利某个古堡的凌乱仓库里，人们会发现一个可辨认的碎片，源自德唐迪的星象仪原物。”[7]

上述观点是在1966年提出的。我们仍然“可以想象”，有朝一日，科学界和历史界将迎接这件星象仪的回归。

钟表的私人化

纽伦堡“香盒”怀表

1987年，一个钟表匠的学徒在伦敦的某个跳蚤市场闲逛时，偶然瞧见一个有趣的零件盒，便花了10英镑把它买了下来。拆开这个零件盒后，他发现了一个带孔的金属球，尺寸与台球接近。它的新主人小心翼翼地打开了将两个半球扣在一起的钩子，然后看到了一个小型机械部件的组合。按照20世纪晚期的标准来看，它的制作工艺还是比较粗糙的，不过，早在500多年前，这个金属球可以说是当时最先进技术与最新潮流的结晶。在缺位了将近500年后，世界上最古老的怀表终于浮出水面。

很多人都曾质疑过它的真实性，并且该表在之后的27年里几经易手，终于，在2014年12月2日，一个专家组在该表500年前的诞生地—— 纽伦堡市开会，宣布该表可追溯至16世纪初期，是世界上最古老的怀表。经过鉴定和激光显微光谱分析，在它的每个零件上都找到了微雕字母。

最长的一串字母是“MDVPHN”，经过解译，它包含了表示“1505年”的罗马数字，最后的“N”表示“纽伦堡”(Nuremberg)，而“P”和“H”则被认为是作者姓名的缩写:“彼得·亨莱因”(Peter Henlein)。确实，考虑到“PH”字样在零件上出现的次数，专家组相信，这只怀表正是其作者的私人怀表。这是一个历史性

相对来说，彼得·亨莱因的“香盒”怀表外壳上的雕饰花纹要比它不稳定的机械功能精准得多

的发现。

15世纪晚期，人们开始携带怀表。怀表是从弹簧驱动式钟表发展而来，这种类型的钟表比重锤驱动式钟表更加紧凑。不过，这种私人钟表的出现并不是为了满足人们随时随地获取准确时间的需要：因为这些早期的“怀表”本质上是一种小型的钟，人们甚至无法靠它知晓刚刚过去的是几点。

它们的计时功能是十分拙劣的，日晷都比它们更可信。这种怀表甚至都没有用来指示分钟的指针，更不用说秒针这种难以实现却又雄心勃勃的装置了。从制表工艺上看，这些老旧的“鼓”“蛋”“洋葱”“香盒”怀表（因其鼓状、球形或卵形外观而得名）不过是一堆无价值的废铜烂铁。但是，对其主人来说，它们是无限荣耀的源泉。用丝带或金链穿起挂在脖子上，这种佩戴方式或许会

1905年在纽伦堡建立的彼得·亨莱因雕像

让嘻哈乐迷们想起，20世纪80年代一些唱片艺人经常佩戴从大众或奔驰汽车的前格栅上抠下来的车标作为装饰。

在文艺复兴后期，这些被时尚引领者们挂在脖子上的鼓状怀表的主要功能是标新立异，代表着佩戴者们与众不同。在1987年的跳蚤市场上发现的这种怀表，早在500年前可能是最受人追捧的物品之一，集美感、奢华、魅力和高端技术于一身。

在“香盒”怀表出现之前，亨莱因还与一块名为“纽伦堡蛋”的怀表有关。作为这块怀表的制作者，亨莱因的名字之所以被人

纽伦堡蛋，最早的私人钟表之一，源于1550年的德国。2011年1月17日，该表在瑞士日内瓦的第21届国际高级钟表沙龙上进行了展出，该沙龙是国际知名的钟表展览之一，1月17日至21日，各大品牌都会在这里推出它们的最新作品

亨莱因在第三帝国[①]对德国文化的歪曲叙述中占有重要地位，甚至还被印到了邮票上

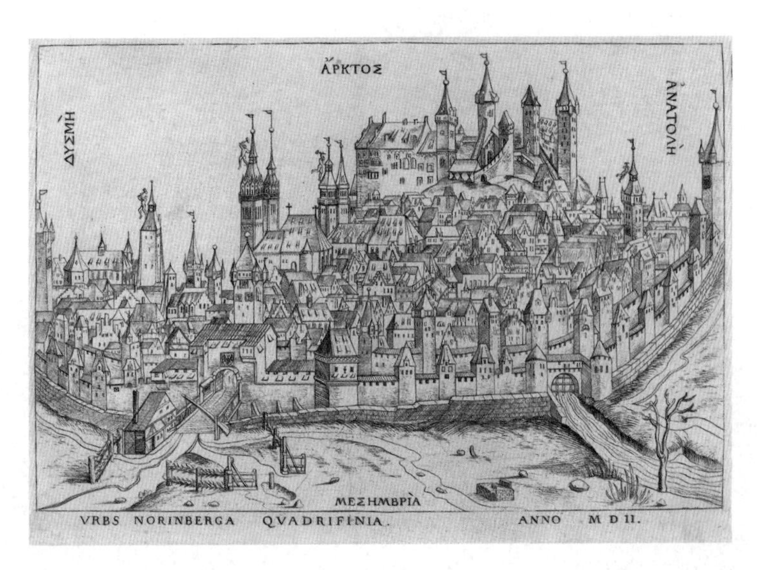

早在被与“纳粹集团和战争罪”联系到一起之前，纽伦堡市就已经是德国文艺复兴时期主要的创新和文化中心

---

① 即纳粹德国（1933—1945）。

演员乔治·海因里希（George Heinrich）和克里斯蒂娜·苏德尔鲍姆（Kristina Soederbaum）在电影《不朽的心》（*The Immortal Heart*）中的剧照，海因里希在电影中扮演亨莱因

们熟知，在一定程度上得益于最受戈培尔[①]赏识的电影制片人威特·哈尔兰（Veit Harlan），他曾在1939年拍摄的电影《不朽的心》中，呈现了亨莱因发明便携式私人怀表的过程。

原本是为了给佩戴者增添一种难以形容的魅力的纽伦堡怀表，在400年后却沦为了纳粹的宣传工具。但是，作为最古老的便携式机械怀表，这些早期怀表真正的历史意义在于它们是人类发展史上的一段传奇，而非民族主义宣传攻势下的一枚棋子。

---

①保罗·约瑟夫·戈培尔（Paul Joseph Goebbels，1897—1945），德国政治家、演说家。曾担任纳粹德国时期的国民教育与宣传部部长。

神圣罗马帝国的霍华德·休斯[①]

鲁道夫二世（Rudolf II）的动态机械音乐船形钟

随着一声暗号，在大帆船甲板上的一队号兵齐刷刷地将乐器举到唇边，一支皇家礼宾曲随即奏响，鼓手们也开始击鼓。水手们和瞭望台上的瞭望员们挺身肃立，他们必须如此，因为他们正置身于皇家典礼的现场；在船上的不是别人，正是神圣罗马帝国的皇帝陛下，基督教世界里最有权势之人。

金罗伞盖之下，皇帝端坐于宝座上，神情泰然，仿佛在回顾自己的伟大统治。四周装点得金碧辉煌，主桅杆上固定着一个巨大的双头金鹰，释放着闪闪金光。

在皇帝身前站立着7个人，衣着服饰比皇帝稍逊一筹。这些人是帝国的选帝侯（Elector）[②]，他们是一群王公贵族，而皇帝是其中之首。在传令官的带领下，他们逐一向皇帝行鞠躬礼，并轮流接受皇帝的祝福。

帆船起航，桅杆随着船身的起伏而摇摆。击鼓的节奏中始终透露着一种威严，偶尔会听到向水手们发出的哨令。接着，大船

---

①霍华德·休斯（Howard Hughes，1905—1976），美国历史上极富传奇色彩的人物，曾担任企业家、飞行员、电影制片人、导演、演员等。电影《钢铁侠》即以霍华德·休斯为创作原型。

②指德意志诸侯中有权选举神圣罗马帝国皇帝的诸侯。这一制度从13世纪中期实行，一直到1806年帝国灭亡为止。

被一股呛人的烟雾笼罩，大炮轰隆作响。

烟雾散去后，传来一阵热烈的掌声和欢呼声。这艘精妙绝伦的大帆船其实只是一个帆船的微缩模型。船上呈现的这场小规模的皇家盛典则是供参加皇帝宴会的宾客在晚宴前消遣娱乐的。大船的主桅杆在餐桌上竖起1米多高，在餐桌底下还有隐藏的轮盘，依靠轮盘提供的动力，船体可以沿着餐桌向前缓慢行驶。船身内藏有一个小的管风琴和一个绷紧的鼓面，可以演奏音乐，桅杆的摆动则是为了模仿大船在风帆驱动下的航行动作。

桅杆的摆动、音乐声和大炮的轰鸣声，一切都是在没有人为干预的情况下发生的。当欢呼声平息后，它还会发出一阵银铃般的叮当声。桅杆上的瞭望员手持极小的锤子，敲击着瞭望台的边缘进行报时，同时双头金鹰的下方也有一个表盘显示时间。

没有铜锣，不需敲钟，更没有端庄的管家以庄重的口吻提示“晚餐已备好”，取而代之的是一个整合了钟表、自动机、文艺复兴时期的自动发音盒和工艺品的稀罕物件，坐在餐桌首位的这位伏着身子的忧郁男子（皇帝），就是通过呈现一段神奇的机械秀来示意大家准备用餐的。

人们首先注意到的是他的下巴。胡须不足以遮住他下巴的宽大。他的下颌如此突出，看起来就像亚马逊土著的唇盘。受其影响，整个拉夫领[①]也拉伸变形，使他那看起来有点脱离躯壳的脑袋似乎就在上面保持着平衡。下颌突出的典型特征是异常硕大的下巴，突出的下颚，肥厚的下唇，有时还伴有大舌头：这证明了

①一种环状的、带有波浪形褶皱的衣领，在文艺复兴时期被欧洲男女普遍采用。

其狭窄的基因库，这种特征在欧洲的一个统治家族里尤为明显，时至今日仍被人们称为“哈布斯堡下巴”。

在餐桌上居于首位的男子也是这个统治家族的首领。虽然他与帆船上就座的那个小金人不是特别相像，但这并不会影响他的身份，他就是神圣罗马帝国的皇帝，尊敬的鲁道夫二世陛下。他是个忧郁的人，身边仿佛一直环绕着宗教式的暗淡光晕。除了长下巴，他最引人注意的就是一双幽暗的眼睛，仿佛隐藏着无尽的忧思。他的目光沿着修长的鼻子俯视，让人一时无法断定，其中流露出的究竟是轻蔑还是厌倦。

在这艘通体镀金的帆船上处处都有展现皇家威仪的标志，包括在钟表上方展示的哈布斯堡家族的双头鹰图案，以及描绘选帝侯向神圣罗马帝国皇帝行礼的场景

“16世纪初，欧洲范围内的主要轰动源自哈布斯堡家族的迅速崛起和权力的过度膨胀。”[1]至16世纪的最后25年，这种过度膨胀的权力传到了布拉格的鲁道夫二世手上。

鲁道夫二世治下的神圣罗马帝国是由多个主权国家拼接而成的混合体，它横跨当代德国，并在不同时期里，部分或全部

覆盖了从当代荷兰到意大利、法国到波兰等十多个国家：一个松散的欧洲超级大国，以各种形式前后延续了1000年之久。据说，鲁道夫二世那博学的头上尚未戴稳的皇冠，也曾被查理大帝本人佩戴过。

鲁道夫首次戴上这个皇冠是在1576年，很难相信，这个皇冠竟然落在了一个与查理大帝截然不同的君主头上。他证明了自己并没有果断的行动力，在维持治下各国的团结方面也是一窍不通。他甚至连皇家成员最基本的职责都未履行——终身未婚。通过婚姻以及由此

在桅杆上通过敲击瞭望台的金属围栏来报时的雅克马尔

既有动态人物，又可以奏乐的大型镀金战船模型在神圣罗马帝国皇帝鲁道夫的餐桌上缓缓移动，呈现出火炮齐鸣的微型景观

产生的合法继承人，至少可以为帝国未来的稳定提供一份选择（尽管他与一位宫廷收藏家的女儿育有子女）。不过，与促成了加洛林文艺复兴（Carolingian Renaissance）[①]的查理大帝一样，鲁道夫也是16世纪艺术和科学最伟大的资助人。

敏感、内敛、热衷于神秘事物的鲁道夫二世可能并不是一个合格的皇帝，却是艺术和科学的顶级资助者，他将宫廷从原来的维也纳迁往布拉格，这里也在几十年里成为吸引欧洲众多知识和艺术名流的圣地

16世纪充满了战争：分裂之战、继承权之战、自由解放之战、宗教之战，天主教与加尔文宗之战、基督教与穆斯林之战；有短短数周的战争，也有持续了几十年的战争……总而言之，16世纪的欧洲充满了动荡和暴力，但鲁道夫则不然。对这位敏感而忧郁的统治者来说，这个世界太具有攻击性了，他尽可能地回避各种纷争，在艺术和神秘事物当中找寻自己的兴趣。

因为具备这个能力，所以他决定打造一个属于自己的世界：一个融合了魔力与美的地方。他将宫廷从原来的维也纳迁往布拉

① 发生在公元8世纪晚期至9世纪，由查理大帝及其后继者在欧洲推行的文艺与科学的复兴运动。这一时期，欧洲的文学、艺术、建筑、宗教典籍、法律哲学方面都取得了进步，被称为“欧洲的第一次觉醒”。

格，这里也在几十年里成为吸引欧洲众多知识和艺术名流的圣地：从古董商人到炼金术士，从诗人到画家，从音乐家到数学家，都以各自的声望给这座城市增光添彩。至鲁道夫统治末期，布拉格的名气已经超过了巴黎和伦敦。在鲁道夫统治时期，人们可以见到约翰·迪伊（John Dee），伊丽莎白一世女王的王室顾问，对于他来说，魔法就像数学一样真实；此外还有丹麦的天文学家、占星家、炼金术士和贵族第谷·布拉赫（Tycho Brahe）。鲁道夫甚至觉得，这个王朝是如此辉煌，他值得拥有一个比据传是查理大帝戴过的更加气派的皇冠。因此，在1602年，他委托制作了一个重量将近4千克的新皇冠。

鲁道夫的布拉格可以说是一个超凡脱俗、开支巨大的主题公园，一个皇家的梦幻岛，里面喂养着各种珍禽异兽：狮子、老虎、熊、狼，以及色彩艳丽、当时被称为“印度鸦”的鹦鹉。这里聚集了当时最聪颖的人，装饰着最精美的艺术品，用最复杂华丽和巧夺天工的器物来展现精湛技艺，其中就包括这个被称为“nef”的船型钟，皇帝以此来逗乐他的宾客。

汉斯·施洛特海姆（Hans Schlottheim）是制作此类作品的大师，他是奥格斯堡人，那里也是北欧文艺复兴时期的新兴城市之一。他在文艺界成名的时间恰逢鲁道夫时代的开端。1576年，也就是鲁道夫登基的同一年，施洛特海姆，这个在1547年生于撒克逊钟表匠家庭的人，被奥格斯堡的钟表师同业公会认证为大师级钟表师。10年之后，他被任命为该公会的检验员。

不过，这些经历并不足以反映他那饱满的创造热情：1577年，他在自家房屋的正面安装了一个钟，成为该市第一个可以鸣报小时和刻钟的钟。城市时钟为社会提供了一种同步黏合剂：宗教场所、政府机构、商业企业和每家每户都可以根据报时的钟声来安排他们的活动，而且随着报时的精度提高到刻钟，人们会将活动进一步划分进更小的单位，从而使这些活动的同步变得更加高效。

这不只是一种便民设施。在当时的欧洲，大城市纷纷卷入了一场软实力的较量，有点像在文化和科技领域的军备竞赛，其中，时钟就相当于“冷战”时期被拖着穿过城市中心的洲际弹道导弹。虽然在尺寸、规模和复杂性上不及斯特拉斯堡奇观，但施洛特海姆制作的这台时刻级时钟足以确立奥格斯堡市作为一个现代先进城市的地位。

尽管如此，它也完全比不上施洛特海姆为其皇家资助人们奉献的精妙作品：会吹小号的木偶人自是一绝，但他还能用灵巧的双手制作出描绘基督降生的自动机舞台剧场景的时钟，或是一对有发条装置的铜虾。

在他后来的作品中，有一座4英尺高的时钟，旨在描绘巴别塔形象，尽管上面还装饰了皇帝和神明，以及代表人文七艺——文法、修辞、逻辑、音乐、天文、几何和算术——的拟人化形象。每过一分钟，便会有一个水晶球从塔外的螺旋状轨道上滚落下来，同时第二颗球则会在箱子里被抬起。这可以触发自动机的动作：农神萨图努斯（Saturn）用锤子敲钟，以配合掌管各大行星的神明的动作。位于底层的若干吹笛人，以及基座上的历法，都与时钟直接相连。每天管风琴会演奏两次旋律，而乐师们会纷纷举起自己的乐器配合。

塔身上装饰了一系列的皇室肖像，从古代的帝王到当时的鲁道夫二世。以同样的方式奉承君主的还有文艺复兴时期的另一位大师——莎士比亚，他在描写皇权的继承时，将斯图亚特君主同《麦克白》中女巫对麦克白说出的预言中的一个神秘人物“班柯”（Banquo）联系了起来。①

但与施洛特海姆的名字联系最密切的还是这组一共有3艘的机械帆船，也被称为“nefs”，它们历经了历史汪洋的惊涛骇浪，得以保留至今，大英博物馆、维也纳艺术史博物馆和法国国家文艺复兴博物馆均有收藏。

这些非凡的艺术品融合了珐琅工匠、钟表匠、珠宝匠、画家、雕刻家、船舶设计师、枪炮制造师和音乐家等的众多专业技艺。施洛特海姆不仅仅是一个有天赋的钟表匠，能够设计出一系列由齿轮、弹簧、小齿轮和芯轴组成的装置，用机械的形式再现人类的活动、船舶的航行、火炮的发射，当然还有报时功能；同时他还是一个工作室的管理者。在现代社会，人们习惯将这项工作称为“项目管理”：对专业背景各不相同的多位技术专家进行统筹协调，无论他们是镀金匠人还是乐器制造师。

而在知识和技能尚未变得多样化，技术专门化时代尚未来临之时，施洛特海姆就像一个交响乐团的指挥。这仍然是一个属于文艺复兴理想者的时代，这种理想不仅存在于朝臣和君主之间，

①在小说《麦克白》中，麦克白在归途中遇到的第3个女巫称：班柯虽不能当统治者，但他的子孙将成为国王。当时正值斯图亚特王朝的詹姆斯一世统治时期，而斯图亚特王朝自认为是班柯的后代。因此，莎士比亚似乎借女巫之口，表达了对其资助人詹姆斯一世的奉承。

这台装置集时钟、自动机、文艺复兴时期的自动发音盒和工艺品于一体，图为该装置的机械引擎

同时也存在于像施洛特海姆一样的人心中。作为拥有精湛技艺的工匠、艺术家、机械师和音乐家，他们能够将自己的技能同其他人的能力相结合，以人类知识的结晶创造出近乎魔法的物品。

钟表就是这样的物品。作为16世纪卓越社会地位的象征，它们增强了人类自认为已经驯服了时间这个可怕掠夺者的错觉。而且，由于时间总是宝贵的，钟表便成为一种媒介，应用艺术的实践者们借以表达该物品的拥有者的贵重身份。而这艘“大帆船”则代表了此种复杂展现的极致。

但它绝不仅仅是一个时髦的小玩意儿。正如鲁道夫二世的一位传记作家所解释的，鲁道夫深信“人造器具可以拓展人类感知的限度”[2]。而在各种人造器具里，鲁道夫对钟表情有独钟：它们是一种强大的寓言式物品，科学和魔法在这里相遇。

这艘船型钟身上充满了各种隐喻和意义：作为一艘“国家之舟”，它的功能完美，与其齿轮发条装置一样分毫不差。船上的大炮则是对那些胆敢质疑皇帝陛下的人的一种警告。而且显然，对选帝侯们的臣服场景的描绘，强调了皇帝的宗主地位。

在1999年的一次展览上，现存的3台船型钟被摆在了一起。该展览的负责人朱莉娅·弗里奇（Julia Fritsch）表示，在神圣罗马帝国与奥斯曼帝国和平相处的50年里，鲁道夫曾将这些船型钟作为贡品献给苏丹（Sultan）。[3]不过，在一份撒克逊选帝侯收藏品清单（发现于2014年）中曾提到了一个“nef”，这表明这种船型钟可能曾作为帝国域内的一种外交礼品，用来获得某个有影响力的选帝侯支持（同时也是提醒他别忘了自己的身份）。

如果真是如此，那这些船型钟则颇具讽刺意味，因为它们既未能确保神圣罗马帝国同奥斯曼帝国之间的和谐，也未能维护皇帝自身的权威。

鲁道夫是一个富有魅力和思想的人，也是历史上伟大的怪人之一，但他缺乏成为一名文艺复兴运动领导者的素质，而当他最终同奥斯曼帝国走向战争时，他的弟弟发动政变，将他软禁起来。据说鲁道夫曾试图召唤魔力来惩罚他的兄弟，可惜魔力并未在他的感召下降临，而他自己却死在了布拉格。

被埋没的宝藏

齐普赛地窖的祖母绿怀表

1912年6月，在伦敦星期五大街和齐普赛街的街角矗立了250年之久的建筑只剩下了一片瓦砾。由于在原址上建造新的建筑需要打更深的地基，工人们便开始用鹤嘴镐在地窖中敲打，将17世纪于此处残存的最后一丝痕迹尽数抹去。忽然，其中一名工人在土里发现了一个闪闪发光的东西，他的镐头将一个腐朽的木匣子的顶部击碎了，为我们打开了一扇窥视过去的窗户，通往詹姆斯一世时期的伦敦。

齐普赛地窖的明星——镶嵌在一块巨大的哥伦比亚祖母绿宝石中的怀表

齐普赛街景，图中描绘的是玛丽·德·美第奇王后（Queen Marie de Medici）于1637年10月29日进入伦敦时的场景，她是法国国王亨利四世的妻子，路易十三的母亲

人们急忙将周围的地面和木匣的剩余部分清理干净。这些工人们没想到自己这么走运；在20世纪早期，挖掘工的生活并不令人羡慕，但这些工人在无意中发现了迄今已知的最重要的17世纪珠宝收藏点。这里总共有数百件藏品：法新（farthing）[①]大小的凹刻玉石；长长的苏托尔项链；以及纠缠在一起的胸针和吊坠，深嵌在伦敦巨大的泥土石块之中。

①1961年以前使用的英国铜币，1法新等于1/4便士。

这些建筑属于虔诚金匠公司（Worshipful Company of Goldsmiths）的财产，该公司是伦敦同业公会（livery companies）中最负盛名的公司之一。建筑的拆除合同中有一项条款规定，承租人可以获得其想要的建筑废弃物——“但所有具有利益或价值的古董、文件和物品应当由承租人加以保存，并移交给出租人”[1]。

不过，对于那些手上并未沾上书写法律文书的墨水，而是因为挥镐抡铲长满了老茧的工人来说，出租人与承租人之间究竟达成了何种协议，他们丝毫不感兴趣。而且这些工人甚至可能并不知道他们发现了埋藏的宝藏；其中一名工人说，他觉得他们挖出了一个很久之前的玩具店。但无论如何，他们知道自己挖出东西了，而且也很清楚该把这些东西带去何处。

“这可能是伦敦最古怪的店铺了。门上方的店铺标志源自埃及墓穴的卡①的形象，因经过近40年的风霜雨雪而磨损和破裂。橱窗里横七竖八地堆满了各种稀奇古怪的物品，分属于不同的历史时期。古埃及的碗与日本刀剑护手放在一起，伊丽莎白时代的罐子里装着撒克逊的胸针、燧石箭头或罗马的钱币。”[2]

这是莫尔顿（H. V. Morton）对古玩店的描述，该店铺位于伦敦旺兹沃思区韦斯特希尔7号，店主是乔治·法比安·劳伦斯（George Fabian Lawrence）。在爱德华时代的伦敦，劳伦斯被各处建筑工地上的工人所熟知，他们称他为“斯托尼·杰克”（Stoney Jack）②。他个子不高，气息粗重，戴着眼镜，留着八字须，爱抽便宜的雪茄。总体而言，他看起来就像一位和蔼的银行职员。劳伦斯的名气虽然比不上霍华德·卡特③，但也是当时最著名的考古学家之一。自19世纪90年代直到1939年去世，他在近50年的时间里一直致力伦敦的单人考古研究。

当时，伦敦正在开展轰轰烈烈的重建和扩建。由于大部分繁重的工作还是需要用锄镐和铁铲完成，工人们经常会发现一些伦敦的历史遗物。劳伦斯游遍了伦敦的各处工地，与工人们攀谈，

①埃及人相信，人的灵魂由两部分组成，分别是“卡”（Ka，肉体灵魂）和“巴”（Ba，精神灵魂）。卡是每个人与生俱来的双重魂魄，并且在人死之后，只要人的肉身不灭，卡仍然可以寓居其中。若身体腐朽，则卡也将消失，亡人将失去永生的机会（所以埃及人要制作木乃伊）。“卡”也常被用来指代死亡。

②工人们对劳伦斯的戏称，字面意思为“喜欢石头的家伙”。

③霍华德·卡特（Howard Carter，1874—1939），英国考古学家，埃及学的先驱。埃及帝王谷图坦卡蒙王陵墓（KV62）及戴着“黄金面具”的图坦卡蒙王木乃伊的发现者。

目的是让大家知道，他愿意收购大家发现的任何物品，不论是一枚小小的箭头，还是像上文所提到的，一坨嵌入了金属的泥土。

劳伦斯将上面的泥土冲洗干净，就发现了一些宝石。这些宝石在它们超过250年未见过的光线下再次熠熠生辉。劳伦斯此时面对的，是他一生中最重大的发现。

劳伦斯兼具“买卖赃物者”和“古董研究者”的双重身份，后来也成为伦敦市政厅和伦敦博物馆的职员，他相当于文物从伦敦各处工地流向伦敦各大博物馆的一个非正式渠道。他的业务处于一种既非完全合法也非公然犯罪的灰色地带。当时考古学经常被人当作业余爱好，而博物馆的馆长们在购买文物方面，也不像今天这样受到各种规章制度监督和管束。有时他会在工地上收购一些小物件，但当有一些可能引起业主和工头注意的大件货物出现，或有更为重大的发现时，他会偷偷地转移出去，并在每周六带到韦斯特希尔的古玩店。劳伦斯的目的并不完全唯利是图，不论是出售古董的工人，还是从他手上收购文物的博物馆人员，大家都认为劳伦斯是一个公道的人：劳伦斯在晚年的时候曾说，他“仅在15年里，就为伦敦博物馆收集了1.5万件在伦敦出土的物品”[3]。他的主要动力还是对历史的挚爱，而这种历史就深埋在伦敦城的建筑与街道之下。

劳伦斯认为，这些藏品应当由当时尚未对外开放的伦敦博物馆保有，就在同一天，藏品的保管人也聚在一起讨论相关收购事宜，劳伦斯被指派为出土文物的鉴定人。这批藏品的事对外保密长达两年，直到1914年3月，乔治国王和玛丽王后在斯塔福德豪斯（Stafford House）宣布新伦敦博物馆开放。

《泰晤士报》当时报道称，“其中最重要的看点之一是‘金银屋’（Gold and Silver Room）”。

> 它包含了17世纪早期的一个独特遗迹，而且是以在该市发现的珠宝的形式出现的。这批宝藏当时被存放于一个盒子当中，是一家珠宝店的存货。其中还有很多重复的商品，有些还处于未完工的状态。总共发现的340件物品，包括戒指、吊坠、锁链、香水瓶、香盒和怀表，以及水晶和黄金制的圣餐仪式用具。这些饰品设计优雅，工艺精致，令人惊叹。尤其令人感到不可思议的是，人们在一两件饰品中发现，詹姆斯一世时期的饰品风格，竟与当前最新流行的款式有些相似。[4]

在众多藏品当中，有一件饰品尤为出众：一块鸡蛋大小的祖母绿，经过切割，加装了铰链，方便佩戴者为内嵌的怀表上紧发条。

据伦敦博物馆馆长黑兹尔·福赛思（Hazel Forsyth）介绍，这件可追溯至1600年左右的“祖母绿怀表不仅是齐普赛宝藏当中最华丽的物品，同时也是世界最杰出的珠宝之一”[5]。这块怀表单就其精美雕刻的表盘、均力圆锥轮和三齿轮轮系结构来说，就已经算是一件了不起的微型精品了。当然，它并不一定太精准，但重点不在于此。

它是富豪的玩具，是一个人地位的象征，即使按照詹姆斯一世时期最流行的个人装饰标准来看，它也是出类拔萃的。当时公

英王詹姆斯一世画像，由老约翰·德·克里茨（John de Critz the Elder, 1552—1642）绘制。在詹姆斯一世统治时期，人们的服装被各种珠宝装饰得十分俗艳

认的潮流引领者、白金汉公爵乔治·维利尔斯（George Villiers）是“各种日常舞会上的常客”，“衣服上装饰着大大的钻石纽扣，配着缀有钻石的帽带、帽章和耳环，肩披层次繁多的珍珠花结，说白了，手上、脚上、头上捆的全是珠宝”。[6]

除了绘声绘色地向我们讲述了詹姆斯一世时期的纸醉金迷，这件从17世纪流传至今依然熠熠生辉的作品还向我们展现了一个正在不断扩张的世界，当时的伦敦正在成为世界上最大的商贸城市之一。“用来制作表身和表盖的祖母绿源自哥伦比亚的穆索（Muzo），几乎可以肯定会被标为‘重要宝石’（stones of account）。”不过，虽然著名的穆索矿区位于南美洲，但这块宝石可能是从东方流入英国的，因为曾有数千块哥伦比亚祖母绿被运往印度和缅甸，来满足当地对祖母绿的巨大需求。缅甸人对于祖母绿尤其热衷，他们甚至会用红宝石来置换南美洲的宝石。在16世纪80年代的（印度）果阿，祖母绿的价值“堪比钻石，甚至更高”。欧洲的珠宝商们也非常热衷于从东方的市场上购买祖母绿，这样一来这些宝石就可以被标注为“东方”宝石，而此类宝石在法国、德国和英格兰等国家可以开出更高的价格。[7]

这件杰出的报时珠宝所处的时期，可以追溯至英国商业地位和全球势力增长的关键时刻。在打败西班牙无敌舰队，并在北

世界祖母绿之都哥伦比亚穆索地区的一条街道，路旁是矿工居住的小木屋

美洲建立殖民地后，英国开始把贪婪的目光投向世界其他地区。1600年，年迈的伊丽莎白一世为（不列颠）东印度公司颁发了一份皇家特许状，从而为某些延续近300年的受政府批准的商业投机活动开了绿灯，包括奴隶贸易和鸦片走私活动，使国家和相关个人都大发横财，同时也为未来的大英帝国奠定了基础。

至于“齐普赛宝藏”为什么会被掩埋，除了出于安全考虑，人们想不出其他的原因。它的主人是去海外了吗？如果是的话，他为什么没有返回？是否出现了某些危及这些财宝存亡的危险，如战争、瘟疫或火灾，从而迫使这位珠宝商将其掩埋起来，而他自己却未能从这场灾害中幸免？至于它究竟是如何流入17世纪的英国，以及如何被制作出来的，人们只能靠推测了，甚至连伦敦博物馆的馆长黑兹尔·福赛思也一筹莫展。

她表示，“这块祖母绿有可能是在塞维利亚或里斯本的某个玉石作坊里切割的，或是通过其他途径被带到了日内瓦，那里因怀表和玉石表壳制作技术而闻名”。

在16世纪中期的宗教改革时期，新教的领袖约翰·加尔文（Jean Calvin）在日内瓦对个人装饰的程度施加了限制，并颁布了反对奢侈浪费的法律，金匠们被迫改行，开始为怀表制作表壳，由此开启了该市发展成为钟表制造业中心的历程。

这些宝石的切割工作也有可能是在伦敦完成的。我们能够确定的是，这块宝石是当时最豪奢、最昂贵的物品之一。正如黑兹尔·福赛思所说：“毋庸置疑的是，这个表壳制作者的宝石制作工艺是一流的，展现出了对这块材料的技术把控。”[8]

这块祖母绿怀表的神秘使它更具吸引力。它那摄人心魄的美和无法证实的身世，促使人们的思绪游荡在16世纪初的世界各处：从哥伦比亚最新发现的祖母绿矿区，穿过海盗横行的公海，来到印度和缅甸的玉石市场，然后再被带往日内瓦、低地国家或西班牙帝国的某个大城市，最终来到了位于都铎王朝和斯图亚特王朝中心的齐普赛街。在这条喧闹宽广的大道上，挤满了形形色色的商人、妓女、工匠，以及衣着华丽的贵族。正是在这种鲜活的生活场景的启发下，英国剧作家托马斯·米德尔顿写出了《齐普赛贞妇》的剧本。这是一部黄色喜剧，讲述的是一个有钱的齐普赛珠宝商设法将他的女儿嫁给一个低等贵族的故事。或许就是这样的一个人，可能会为保险起见将这些珠宝埋在他的地窖里。

A
CHAST MAYD
IN
CHEAPE-SIDE.
A
Pleaſant conceited Comedy
neuer before printed.
As it hath beene often acted at the
Swan on the Banke-ſide, by the
Lady ELIZABETH her
Seruants.

By THOMAS MIDELTON Gent.

LONDON,
Printed for *Francis Conſtable* dwelling at the
ſigne of the *Crane* in *Pauls*
Church-yard.
1630.

托马斯·米德尔顿（Thomas Middleton）的剧本《齐普赛贞妇》（*A Chaste Maid in Cheapside*）是一部黄色喜剧，讲述的是一个有钱的齐普赛珠宝商设法将他的女儿嫁给一个低等贵族的故事。或许就是这样的一个人，可能会为保险起见将这些珠宝埋在他的地窖里

日本的动态时间

和式时钟

作为“灵魂收割者”（harvester of souls），圣方济各·沙勿略（St. Francis Xavier）走遍了世界的各个角落。他把上帝的话带到了印度、印度尼西亚、马来西亚和帝汶岛，之后，在1549年8月15日，也就是圣母升天节（Feast of the Assumption）这天，他抵达了日本的鹿儿岛港口。这位43岁的神父是天主教会有史以来最伟大的传教士。早在15年前，他和另外6个人在蒙马特的一个小教堂里立誓“清贫”“禁欲”。这7个人自称“耶稣教友会”(Society of the Friends of Jesus)，后来他们则以一个更加简练的名字为人所知：耶稣会（Jesuits）。

圣方济各·沙勿略是最具影响力的宗教团体之一的发起者，该团体在早期所取得的成就很大程度上有赖于他的热情和精力。

当时，欧洲人初到日本不久，而且是缘于一场意外。在更早的6年之前，两位葡萄牙商人在海上遇到了风暴，商船偏离了航线，因此便在种子岛的一处小海湾避风停靠。尽管这里距离罗马教廷十分遥远，而且笼罩在神秘之中，但这位见多识广的耶稣会士还是嗅出了很大的传教机会。随着他的到来，日本开启了被该国历史学家称为“基督教世纪”（Christian Century）的时代。

基督教宣扬的互爱、和平和良善精神恰恰是16世纪中期的日

作为一位了不起的“灵魂收割者”，圣方济各·沙勿略是耶稣会的7位发起人之一，他远渡重洋，将耶稣会的教义传播到了印度、婆罗洲（今加里曼丹岛）和其他许多遥远的地方，包括日本。他也是将机械钟传入日本的人（这幅画属于17世纪的西班牙画派）

本所缺乏的，因此显得尤为引人注目。沙勿略登陆时，日本正处于大名（地方军阀）之间长期混战的动荡时期。虽然在日本的京都可能还有天皇，但统治的实权却落到了大内义隆等人的手中，他统治的封地位于日本本州南端的山口市。

由于基督教当时在日本并未产生今天所谓“吸引力”，沙勿略觐见天皇的请求被驳回后，他决定从当地的军阀入手。初访山口市时，他秉持的是基督教的谦和精神，然而这次访问并不成功。于是，他决定换一种方式。1551年，改头换面的沙勿略面见

学问和精神的交流：耶稣会传教士圣方济各·沙勿略同佛教僧人交谈

了大内义隆。他把自己打扮成外交使节的模样，并且还携带了外交礼品。他被准许在当地传教和发展信徒，甚至还获得了一所空的佛教寺院以供使用。

在沙勿略进行布道和传教的同时，大内义隆对他的新朋友送来的礼物也十分赞许，这些礼物中恰好就包含了欧洲文艺复兴时期的一大技术结晶：钟表。

可惜供大内义隆玩赏钟表和沙勿略发展信徒的时间都很有限：就在同一年，大内义隆被推翻，后被杀害；沙勿略于1552年12月去世。不过，基督教的教义和机械钟表已经在日本扎根了，更多的基督教牧师相继到来。1600年，传教士们在长崎建了一所学校，其中教授的内容就包括钟表制作。

1603年，一位征夷大将军[①]在日本的江户（今东京）掌权，从而开启了日本的封建幕府时期，史称“德川幕府”，也使日本维持了200多年的闭关锁国状态。17世纪20年代，随着交战的各诸侯国停战并归顺于德川幕府，基督教的传教活动被暂停了；17世纪30年代，基督教被完全禁止。到1639年，所谓“锁国”政策已经起到了作用：外国人被驱逐，日本人也被禁止出游海外，几乎所有的外贸活动均告结束。

在江户时代的日本，少数得到保留的欧洲文化之一便是钟表制造，而且不但得到保留，实际上还发展壮大了。作为日本权力中心的江户，也成为该国的钟表业中心，并且在之后的200多年

日本旧时的一位钟表师

① 原为大和朝廷为对抗虾夷族所设立的临时的高级军官职位，后被日本的武官首领所沿袭，发展出武家政权，即俗称的“幕府将军”。此处指的是德川家康。

里，日本的钟表制造另辟蹊径，从欧式的传承路径当中脱离出来，创造出另一种迷人的钟表文化。

将钟表传入日本的沙勿略和其他一些欧洲人秉持的是时间固定不变的理念，也就是将时间作为规定生活秩序的一种抽象框架。不过，对日本人生活和习俗有数十年研究经验的社会人类学家乔伊·亨德利（Joy Hendry）教授表示，日本人的（时间）观念不是那么严格固定的："日语中表示'时间'的词很大程度上指的是一个时间点，一个特定的时机或场合，而非连续的、抽象的存在。出于生态或社会的需要，时间甚至是可以被'折叠'或'操纵'的。"[1]

天主教教徒被驱逐，严格的"时间"概念也随之被带走。津田助左卫门等一批钟表大师

这张拍摄于1850年的手持武士刀的日本男子相片，真实呈现了奉行孤立主义政策的日本江户时代的传统生活方式。在这一时期，日本也形成了独树一帜的钟表制作技术。就在这张相片拍摄后的几十年里，江户时代的价值观，连同这一时期的钟表，一并被西式的现代化理念所取代

得以放开手脚，去研制一种符合日本当时对时间理解的复杂性和浮动性的钟表。这种钟表被称为“和式时钟”，是日本特有的。

约翰·古达尔（John Goodall）在撰写日本精工（Seiko）手表的历史时曾写道：“和式时钟是极为复杂的，因为日本人采用的是阴历这种时间体系。”[2]拧上发条之后，时钟被设置为日本一天的开端，而日本人是以黄昏时刻作为一天的开端的。最显著的差异在于，日本人并不是以一个固定的时间（例如午夜）作为一日之始，而是以白昼结束的时刻为开始。根据日出和日落时间的变化，每天被划分为白天和黑夜两部分，每个部分又包含了6个时段，被称为“刻”。刻的长度会随着季节变化以及白天和黑夜长度的变化而变化。

日本的钟表师对西式钟表的恒定系统进行了改造，以适应其特殊的计时需求：将两个时间不固定的半天划分成6个均等的且经常变化的时段。据此，在夏至日这一天，夜晚的6个刻都处于一年中最短的时期，而白天的6个刻都处于最长的时期；在冬至日这天则相反。通过使用原始平衡摆，将摆臂末端的调节性配重之间的间距拉大或缩小，就可以让时间放慢或加速，也就是通过改变时钟的运行速度，来适应黑夜的不同时长。不过，由于黑夜和白天的刻的长度每天都在发生轻微变化，所以每天都需要对配重进行两次调整。

随着江户时代的发展，更复杂的计时器出现了，闹钟和钟琴被设计了出来，之后又出现了一种世界上独一无二的改进：在17世纪末，一种“双原始平衡摆”时钟被设计了出来。[3]

在精工博物馆的永久藏品中，有一款灯笼钟，可以追溯至

1688年，它的出现归功于津田助左卫门。乍看起来，它似乎与同一时期的欧式灯笼钟没什么区别，但它所具有的历史意义非同小可，因为它是“最早的带有双原始平衡摆的时钟”[4]，能够在白天和黑夜之间自动切换。这就大大减少了人们为解决刻的长度不断变化的问题而进行干预的次数。

在江户时代末期，原始平衡摆已经被钟摆或弹簧调节器所取代，这些新的方式虽然更加可靠，但也更难以按照季节变化的需要进行加速或减速。人们发明了一套简单而优雅的方案解决这个问题，也就是在表盘外围增加一个圆形轨道，上面的小时标记可以沿着轨道活动，使彼此变得更加分散或更加紧凑。

为了更具日本特色，这12个刻并不是用数字标注的，而是以12生肖来命名的。只有两个时刻固定不变：午时（中午）和子时（午夜）；其他的生肖动物，如辰（龙）、丑（牛）、申（猴）等，则会随着白天长度的变化而

由津田助左卫门设计的时钟，可追溯至江户时代早期。这是现存最早的带有双原始平衡摆的时钟。通过这种双摆结构，它可以在日夜交替的黎明和黄昏时刻进行自动切换

装在木盒里的时钟，日式的机械结构搭配了西式的钟面。柳柳居辰斋（约1764—1820）绘

收缩或伸展。“卯（兔）时”是日出时分，而或许是为了强调其与西式钟表的不同，“酉（鸡）时”反而成了日落时分。

至19世纪中叶，日本的钟表在经历了一系列进化之后，已经与西方的钟表完全不同了。柱式钟在顶部和底部有一个长长的刻度盘，通过一个可上下移动的游标来指示时间。这只刻度盘占据了钟的绝大部分，看起来就像一个嵌在墙上的温度计。

后来，在1873年1月1日，和式时钟遭遇了灭顶之灾。19世纪60年代末，在与世界其他地区隔绝200多年后，德川幕府被推翻，日本明治天皇恢复执政。

尽管时间跨度只有几十年（1868—1912），明治时期废除了江户时代的孤立主义政策，带领日本迅速走上了一条现代化道路。自沙勿略抵达日本后的300年里，世界已经发生变化：大探索时代很快就变为殖民主义时代，自江户时代起，日本就面临着沦为现代工业军事强国的殖民地的悲惨命运，而如果日本自身能够转变为一个现代工业军事强国，这种命运就可以避免。不过，这个转变的过程需要采用世界其他地区广泛使用的计时系统。

1872年，也就是明治五年，天皇颁布诏书，宣布以太阳历取代日本传统历法。诏令要求，随着新历法的实施，报时方式也应当与国际标准保持一致。

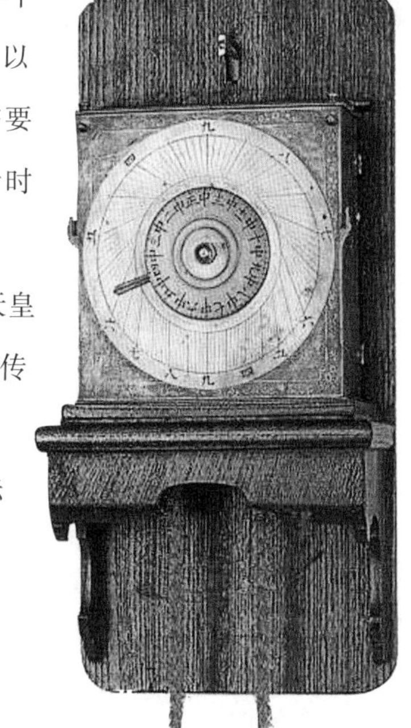

这种带有“圆形钟面”的挂钟可追溯至江户时代晚期，它的时间刻度是依照季节性时间系统划定的，看起来就像一个“饼状图”。它代表了日本钟表制作技术在长期闭关锁国过程中取得的终极进化。随着季节的变化，这根指针可以自动伸展或收缩，以指示季节性时间（夏至日指针最长，冬至日指针最短）

“大日本帝国议会之图”，歌川芳景，1890年。尽管时间跨度只有短短几十年（1868—1912），但明治时期改变了江户时代的孤立主义政策，带领日本迅速走上了一条现代化道路，其中就包括采纳西方的时间观念

> 夫旧之时刻，随昼夜长短，分十二时。今后改之时辰，时刻平分昼夜，定二十四时。子时至午时分十二时，称午前几时；午时至子时分十二时，称午后几时。[5]

毫无疑问，政府对国民计算时间和日期的方式进行修改关系重大：“为使我国成为现代之国家，改旧习以臻文明之民族，故推新历，至为紧切。”[6]

到1905年，随着日本以现代化的海军击败俄国，日本无疑已经成为20世纪的世界强国。但这一巨大成就也是需要付出代价的：日本人不得不牺牲生活中的许多传统元素，其中就包括和式时钟。

测定经度

哈里森的航海天文钟

1707年10月，在完成了对法国的地中海航线的夏季袭扰任务之后，一支小型海军舰队正在返回英国的途中。这支舰队的指挥官是著名的海军上将克劳兹利·肖维尔（Cloudesley Shovell）爵士。他13岁时就以船上侍童的身份开启了海军生涯，如今44年过去了，他已成为一个身材魁梧的中年人，一双小眼睛炯炯有神，颈巾后面的双下巴依稀可见，最重要的是，此时的他早已威名远扬。在海上度过了大半辈子后，他很清楚狂风大雾天气的危险性，这已经导致他们的舰队的回程时间延误了近两个星期。不过，舰队的导航员经过计算表示，当前舰队正安全地行驶在英吉利海峡的入口处。

肖维尔上将既是一位勇武的海军军官，同时也是一位航海老手。据记载，他执纪甚严，对于拒不从命者会进行严厉惩处。据说，曾有一个船员发表观点，认为肖维尔上将的计算方式是不准确的，结果这名船员被以“叛变”的罪名当场吊死。这是一个严酷的惩罚，而且最终也被证明是不公正的：因为有若干礁石突然从大雾中浮现，而按照计算，这里是不应该有礁石的。

锡利群岛正好出现在了舰队的航道上。

4艘战舰沉没，近2000人丧生（比100年后的特拉法尔加

[Trafalgar] 海战中英国的死伤者总数还多)，包括肖维尔上将本人。(也有说法称，他活着上岸了，但不久便因手上佩戴的祖母绿戒指而遭到谋杀。)[1]

这场灾难及其造成的死亡，不是因为战争，而是导航失误，这在英国产生了巨大的震动。更严重的是，此类灾难还远非个案。17世纪末18世纪初，每隔几年便会发生重大的海难：1691年，几艘战舰在英国普利茅斯(Plymouth)附近海域失踪；1694年，惠勒上将(Admiral Wheeler)指挥的一支海军中队在直布罗陀海峡触礁，当时他们以为舰队已经通过了海峡；1711年，更多船只在圣劳伦斯河(St Lawrence River)附近迷失方向，这些船只在一天里就偏航了15里格①。[2]这些事故都是导航失误造成的。

到18世纪第二个十年，公众纷纷向政府施压，要求政府采取行动。但该如何解决?

1714年5月23日，"英国海军舰队的数位舰长、伦敦商人和商船指挥官以自身的名义，以及其他所有与大不列颠航海事务有关人等的名义"向英国国会下议院发出请愿，称"经度的测定于大不列颠关系重大"，并表示：

> 因缺乏(准确经度)，许多船只在航行中受阻，大量船只失事。但是，若能公开对测定经度者进行适当奖励，那么为了大家的生命安全、女王陛下的皇家海军、贸易的增长、

①欧洲和拉丁美洲古老的长度单位，用于测量陆地或海洋时，代表的距离各不相同。在英国，用于测量陆地距离时，1里格通常被认为是4.828千米；用于测量海洋距离时，1里格通常被认为是5.556千米。

岛屿之间的通行便利及英国的长久声望，或许会有人愿意站出来，主动证明自己的方法行之有效。[3]

当时，地理大发现时代正值高潮：一些欧洲国家为争夺海外领地，开展了一场为期数百年的全球“扫货”竞赛。得海洋者得天下。英国的未来正处于重大关头。

如果船只能够找准其所处经度的话，大部分航运中的人员伤亡是可以避免的。当时，人们可以通过记录的天文数据得出船只所处的纬度，不过光有纬度数据是不够的。实际上，肖维尔上将舰队的一些战舰已经读取了纬度数据，但灾难仍然降临了。要想准确地判明位置，必须对纬度和经度进行交叉参考，而当肖维尔上将遭遇不测时，船员们所使用的正是以不可靠著称的“航位推测法”（dead reckoning），该方法主要是在船的一侧丢一段木头，然后通过观察船只经过这块木头的时间推算出大致的经度。

测定经度成为当时一项尤为迫切的科学问题，它对科学家们的吸引力不亚于“冷战”时期的原子弹和航天器。但与其不同的是，经度的测定是具有直接且便于理解的好处的：生命将得到挽救，贸易将得以增长，英国将变得强大。这是一段通向未知科学之旅，有人甚至考虑过一些十分怪异的方法，例如给系泊船只配备照明弹，每天午夜沿着商业航道发射——这种想法是如此疯狂和不切实际，但仍得到了认真考虑，这足以反映出人们的绝望程度。

这个问题成为政府部门要解决的头等大事。历史总是惊人地相似。早在40年前，查理二世统治下的英国拥有世界上规模最大的商业船队。1674年12月15日，王室任命了一个委员会来解决“经度问题”。一年后，因君主对导航事务的长期高度关注，格林尼治的皇家天文台建立，“以便寻找急需的位置经度，优化导航技术”[4]。

不过，在1714年，英国成立了一个议会委员会，一些专家证人曾出席会议，包括英国皇家学会会长，当时绝对的天才人物——艾萨克·牛顿（Isaac Newton）爵士。牛顿在当年的6月11日出席了会议，在会上，他向委员会成员们介绍了人们当前所面临的困难。除了海上照明弹系统，他还介绍了另外3种可供选择的办法：

> 其一，通过钟表进行精准计时：不过，由于船体的运动、温度和干湿度的变化，以及在不同纬度地区的重力差异，此种精度的钟表尚未问世。
>
> 其二，靠观测木星的卫星食：不过，由于观测所需的天文望远镜的长度，以及船舶在海面的浮动，卫星食无法在海面上进行观测。
>
> 其三，靠月球的位置：不过，该理论所得结果的精度无法满足航海要求——靠该理论得出的位置经度有2—3度的误差，无法缩小到1度以下。[5]

总而言之，牛顿向委员会所作的关于测定经度问题的证言可以归结为几个字：“自求多福。”

即使委员会成员们真的考虑去做这件徒劳的事，他们还需要怀表。牛顿告诉他们："上面的3个方法都需要用到1块怀表，这块怀表必须是由发条控制的，而且需要按照每天日出和日落的时间进行校准，这样才能显示白天和晚上的时间。"此外，"在第一个方法中，至少需要用到2块怀表；除了通用的这块，还需要前面提到的那块"[6]，也就是那块"尚未问世"的怀表。

委员会最后认定，要想找到准确的经度，他们首先需要找到一种能用于海上的计时方法。

经度的确定需要知道两个时间：一个是船上时间，通常是以船舶所在地正午的太阳位置来确定的；另一个是某个已知其经度的地点的时间，例如出发港的时间。当我们同时知道这两个地点的时间后，两者之间的时差就可以被换算为船只与参照点之间的（经度）距离了。这种换算并不复杂：地球自转一周是360度，用时24小时；那么1小时的时差就对应15度的经度。

虽然计算简单，但计时器的设计是相当复杂的。正如牛顿很贴心地指出的，这种能够抵御剧烈摇晃对计时精准度造成影响的钟表是不存在的，更不用说气温高低导致金属的热胀冷缩以及润滑油黏性的变化了。

可能的方案都被排除，委员会只得寄希望于创新的最大动力：贪婪。1714年7月20日，安妮女王（Queen Anne）批准了《经度法案》（Longitude Act），法案承诺，凡是能够解决这个困扰和折磨了几代航海者和科学家的难题的人，会得到一笔巨额奖金。

将测算经度与实际经度的误差控制在1度以内，发明者将获得1万英镑奖金；如果误差控制在2/3度以内，将获得1.5万英镑奖金；如果误差控制在1/2度以内，则会获得高达2万英镑的奖金。

在赤道位置，经度的1度大致相当于69英里，这一距离会随着纬度的升高而递减，直到两个极点时长度变为0。对于21世纪的人们来说，由于习惯了手机和卫星导航系统提供的一两米范围内的定位精度，上述误差似乎是相当大的，不过，在17世纪的人们看来，即使这样粗略的精度也无法实现。

不过，《经度法案》的措辞还严谨地强调，要想申请奖金，候选人提出的方法需要经过航海测试，并被认为是“可行的和有用的”。然而，这种用“小字”附加的模糊注意事项并未打击人们的提交热情。2万英镑（相当于2018年的将近375万英镑）[7]吸引了许多科学怪人和江湖骗子，此外还有众多钟表师和发明家，他们向经度委员会——一个由当时杰出的数学家、天文学家和导航专家组成的评审机构——提出了大量提案。甚至连年过八旬的克里斯托弗·雷恩（Christopher Wren）爵士也想一试身手，他提出了一种三件套的装置，为安全起见还对这套方法进行了编码。

很快，这个寻找经度、赢取2万英镑大奖的悬赏竞赛传遍了整个英国。这笔奖金对于当时的大部分人来说都是一笔巨款。一位工匠，或者一位熟练的木匠，一年的收入也才40英镑。不过，来自林肯郡的约翰·哈里森（John Harrison）可不仅仅是一位熟练的木匠。在《经度法案》颁布的这一年，他刚度过自己21岁的生日。作为一个狂热的自学者，他已经啃透了一位牧师借给他的科学读本，在不到20岁的时候，他就制作了自己的第一台时钟，以纯木头打造。

他的专业技能不断增长，名气也越来越大。在即将40岁的时候，他已经准备好了。1730年，他前往伦敦，像此前及此后的

约翰·哈里森，英国发明家和钟表专家，图中他坐在椅子上，手里拿着自己在1767年设计的怀表（油画，托马斯·金［Thomas King］绘）

很多人一样，开始在那里找寻财富。在这之后的将近50年的生涯中，他的财富与寻找经度的工作密不可分。

当时，“经度”已经成了不可能之任务的委婉说法。乔纳森·斯威夫特（Jonathan Swift）在他1726年的小说《格列佛游记》（*Gulliver's Travels*）中，把经度的发现比喻成乌托邦式的幻想，就像永动机和万灵药一样不切实际。确实，直到1730年，很多人都认为这笔奖金将保持无人认领的状态，因为经度是永远无法精确测定的。而且经度委员会本身似乎也印证了这一观点：“尽管这个威严的机构已经成立15年之久，但它并没有正式的驻地。实际上，它从来都没有召开过全体大会。”[8]不过，哈里森知道，他能够在格林尼治找到该机构的最杰出的成员之一。

埃德蒙·哈雷（Edmund Halley）接替约翰·弗拉姆斯蒂德（John Flamsteed）担任英国皇家天文学家，他热情地接待了哈里森。他听取了这位乡下木匠的想法，并且认为有一定的道理。但哈雷本人是天文学家，而非钟表专家，所以他建议哈里森去找当时最有名的钟表专家乔治·格林汉（George Graham）。作为英国皇家学会的会员，格林汉不只是一个时髦钟表的制作者；他还制作了一些高科技的物品，拓宽了知识的边界，照亮了无知最深处的角落。哈里森如愿见到了这个大人物。作为一个由木匠转行的钟表师，哈里森身上一定也具有某些迷人的特质，以至于两人在会面后从早晨一直聊到了黄昏。格林汉被哈里森打动了，他借给哈里森一笔钱，并从东印度公司筹集了进一步研发的经费。

回家后，哈里森开始着手研制这台被称为“H1”的时钟，他花了5年才制作完成。以21世纪的眼光来看，它看起来不像钟，更像是根据希斯·罗宾逊[①]的设计图制作的某种蒸汽朋克风格的登月舱。这台机器高3英尺，用闪亮的黄铜、条棒、丝线、按钮以及特殊角度放置的球体组成，重量达到了75磅[②]。一看到它，人们似乎会立即想起根据小说《弗兰肯斯坦》(*Frankenstein*）改编的黑白电影中的那间实验室。人们从来没有见过类似的装置，不过哈里森和格林汉都乐于接受新事物，于是安排了一场航海实验。实验的航程并不是悬赏令规定的加勒比海航线，而是到里斯本的往返行程。船只在这次航行中遭遇了恶劣天气，不过面对暴风雨，这台H1装置表现得要比晕船的哈里森镇定得多。

H1的航海实验非常成功，经度委员会终于采取了破天荒的行动：开会——据说这是该机构成立以来的第一次大会。这次会议也是全英国最优秀人才的大聚会，包括来自剑桥和牛津大学

①希斯·罗宾逊（Heath Robinson，1872—1944），英国著名的漫画家、插画家和艺术家，因其过于复杂、异想天开但功能简单的机械设计而广为人知，他的名字甚至成为“结构精巧但不实用”的装置的代名词。

②1磅约为0.4536千克。

哈里森首次尝试解决经线问题而制作的仪器，名为“H1”，目前已成为英国国家海洋博物馆的重要藏品，被视为钟表史上的一大里程碑。它拓展了当时的技术极限，使科学家和钟表专家们赞叹不已

的各位教授、高级海军将领、格林汉、哈雷，以及英国皇家学会会长、有才华的收藏家汉斯·斯隆（Hans Sloane）爵士。众人对H1的精准性大为惊讶，如果哈里森是一个投机分子，他可能会立即推动实施前往西印度群岛的航海实验。不过，哈里森觉得自己还可以做进一步改进，因此要求更多的资金，用于研发重达86磅的H2装置。H2的外观看起来要稍微正常些，高度也比H1更高，不过它仍然是根据极具个性的H1改进而来的。（这台H2机器后来在格林汉的车间里展出，吸引了来自欧洲各地的参观者。）

单从它那长方形的黄铜机身很难看出机器的制作时间，好在机身上还有一块铭牌，上面雕刻着一些文字，表明发明人希望将这台机器献给乔治二世（George II）。

H2的制作花了两年时间，不过当它完成时，这位完美主义的制造者认为它已经过时了。因此，除了偶尔要求进一步的资金支持，哈里森又一头扎进自己的工作室，踏上了一场持续近20年的机械历险之旅——研制H3。H3刚刚完成不久，便被一个茶杯碟大小、重量为3磅的怀表所取代，哈里森认为，这块怀表与他花了近30年时间所研制的这些黄铜材质的庞然大物一样有效。

关于哈里森的故事，包括他如何直接请求乔治三世支付这笔他应得的赏金，在达娃·索贝尔（Dava Sobel）所写的《经度》（*The Illustrated Longitude*）一书中有十分精彩的描述，在此我就不再赘述了。在索贝尔看来，自学成才的哈里森是个特立独行的人，同高傲和冷酷的正统派进行不屈不挠的斗争。在18世纪的大部分时间里，科学界的一个共识是，测定经度的可靠方式不在于人造钟表，而是要靠观测天空。对这一“正统”观点表述最清晰的应该是曾在威斯敏斯特和剑桥大学读书的英国第5任皇家天文学家内维尔·马斯基林（Nevil Maskelyne）。正如索贝尔描述的，“在一个故事中，如果有对正面人物的歌颂，那么也一定会有对反面人物的嘘声。而本篇故事的反面人物是内维尔·马斯基林牧师，史称‘水手的天文学家’”[9]。

内维尔·马斯基林是18世纪的成功人士：剑桥圣三一学院院士，20岁出头便已成为第3任皇家天文学家詹姆斯·布拉德利（James Bradley）的门生，25岁时当选英国皇家学会会员。1761

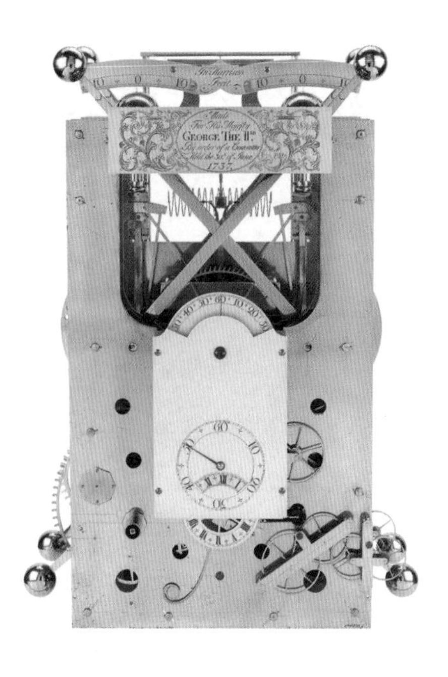

约翰·哈里森的第二个航海计时器，名为“H2”，是在第一台机器的成功基础上建造的，但摒弃了“H1”的华丽外观

哈里森为解决经度问题进行的第三次尝试

内维尔·马斯基林是18世纪的成功人士：剑桥圣三一学院院士，25岁时当选英国皇家学会会员。30岁出头时，成为英国皇家天文学家。历史似乎注定要让他成为哈里森事业上的拦路虎

年，马斯基林被派往圣赫勒拿岛（St Helena）观测金星凌日——作为研究天狼星的周年视差（annual parallax）[①]问题的研究专家，派他去可以说再合适不过了。30岁出头时，他成为英国皇家天文学家。他的晋升速度着实令人吃惊，而且年纪轻轻便已获得极高的学术地位。

在前往圣赫勒拿岛——这座岛屿后来被拿破仑称为家园——的途中，他曾试验过一种通过观测月球来测定经度的方法。马斯基林相信，自己即将用月角距（lunar-distance）[②]法解决经度问题。该方法用到了一个天体地标系统。通过一套表格，航海者可以知道月球在某个特定位置抵达某个恒星的时间。通过记录船舶位置所在的当地时间，并进行相关的天文观测，航海者就可以确定经度。当然，这种观测需要在晴朗无云的夜晚，在风平浪静的海面进行，此外，观测者还需要具备大量的天体知识，并

①地球绕太阳周年运动所产生的视差。当恒星与地球的连线垂直地球轨道半径时，恒星对日地平均距离所张的角称为恒星的周年视差。

②月球与另一个天体之间的角度，领航员可以利用月角距和航海年历计算格林尼治时间，不需要航海钟就能确定经度。

花费大约4个小时才能完成必要的观测和计算。作为一名天文学家，马斯基林喜欢这种方法。同时，作为英国皇家天文学家，他在经度委员会也占有一席之地。随着哈里森年复一年地完善他的时钟方案，人们对天体的认识也在不断深入，利用月球数据表测算经度的方法也愈发可靠。哈里森开始担心，他可能会被这位早熟的年轻人取代，当他向经度委员会提交H1设计的时候，这个娃娃才3岁。

此时年过七旬、体弱多病的哈里森感到赏金颁发无望，便直接向国王乔治三世提出了请求。国王在他位于邱园（Kew）的私人天文台对哈里森的最新时钟H5进行了测试，并发出惊呼："天哪！哈里森，我要为你主持公道！"国王向国会施压，敦促其向哈里森支付了一笔与经度悬赏金额相当的奖金。当哈里森允许人们对他设计的H4时钟进行仿制后，他进一步证明了自己。英国的詹姆斯·库克船长（Captain James Cook）正是带着这块怀表，开启了他那为期3年的传奇般的发现之旅，包括对南极洲和热带地区的探索。这块怀表的表现堪称典范。1776年3月24日，也就是库克船长返回英国8个月后，83岁高龄的哈里森与世长辞，不过，在去世前，哈里森知道，他为之奉献了大半生的目标已经实现。后续研发航海天文钟的任务，就交到了年轻一代钟表师的肩头。这些钟表师中最著名的有约翰·阿诺德（John Arnold）、托马斯·恩绍（Thomas Earnshaw）和托马斯·马奇（Thomas Mudge）。

但这并不意味着马斯基林的方法就是错的。到18世纪60年代中期，通过他编写的《航海天文历和天文星历表》（*Nautical Almanac and Astronomical Ephemeris*），马斯基林已经成功将计

詹姆斯·库克（1728—1779），英国航海家、探险家和航海测绘家。1772年在进行第二次南太平洋探险活动时，他携带了一只阿诺德天文钟。图中他正在接受三明治岛土著居民的敬意。不过，并非所有的土著居民都是友好的：夏威夷的居民对他就没有那么友好了。他被当地人杀死，这也使他的探险之旅戛然而止

图片展示的是约翰·阿诺德和他的儿子约翰·罗杰·阿诺德（John Roger Arnold）及妻子正在查看一台天文钟。作为英国新一代的钟表师，约翰·阿诺德采用了哈里森的钟表制作原理，发展出一系列的航海天文钟产品

算经度所需的时间压缩到了半个小时。此外，剑桥大学学者亚力克西·贝克（Alexi Baker）博士表示，哈里森研制的这种航海天文钟“由于价格不菲，在19世纪以前并未得到广泛使用”。贝克博士曾从4个方面进行细致论述，为马斯基林正名。相关内容被刊登在2011年英国国家海洋博物馆的网站上（2011年是这位天文学家逝世200周年）。毕竟，如果相关计时设备的费用占到了一艘帆船造价的1/3，那么哈里森的经度测定法的实用性将是有限的。“与此同时，为压缩月角距测定法耗费时间所作的一系列努力，最终促成了天文学和导航领域的新突破，包括《航海天文历》（*Nautical Almanac*）的创立，以及基础六分仪（sextant）①的发明，这些成果至今仍得到发行和使用。”[10]

一边是由自学成才的哈里森研制的极为精准的航海天文钟，一边是由心思缜密的马斯基林编制的各种表格、地图和图表，很难说历史究竟青睐于哪一方。但双方在学问上的对决所催生出的科技进步，着实为英国的海洋霸权作出了巨大贡献，使英国在18世纪崛起为强大的殖民主义国家，并最终发展成为世界上前所未有的大帝国。

---

①通过测量水平角和垂直角测定船舰位置的手持航海仪器。因其水平刻度盘为全圆周的六分之一，所以称为六分仪。

时间轰鸣
太阳炮

在18世纪80年代后期，奥尔良公爵(Duke of Orléans)① 是当时世界上最富有的人之一。1787年，他的租金总收入达到750里弗(按照今天的货币计算，超过480万英镑)，他那庞大的产业“范围相当于今天(法国的)三四个省”。[1]

作为法国王室支系中为首的一支，这些富豪的巨大权势也是与生俱来的。他的曾祖父曾在路易十五（Louis XV）尚未成年时担任摄政王，他的儿子也将成为未来的法国国王。

在18世纪80年代的巴黎，如此显赫的身份在一座建筑上也得到了具体体现——巴黎王家宫殿（Palais-Royal）。同这座建筑一样，它的主人——思想进步、追求时尚的年轻亲英派公爵——1785年从他父亲那里继承了奥尔良公爵的爵位。用历史学家乔治·阿姆斯特朗·凯利（George Armstrong Kelly）的话说，“他的巴黎王家宫殿在巴黎的地位，就像凡尔赛宫之于整个法国”[2]。

这座宫殿最初是由红衣主教黎塞留（Richelieu）在17世纪30年代修建的，黎塞留死后，它成为王室财产，名字也从“主教宫

---

①自1344年开始使用的一个法国贵族爵位，以其最初的封地奥尔良命名。历史上通过受封和继承而获得这一爵位的人有很多。

奥尔良的路易·菲利普·约瑟夫（Louis-Philippe Joseph d’Orléans）：贵族、革命家，改造巴黎王家宫殿的远见者。作为一个政治激进主义者，在法国大革命后被称为“平等的菲利普”（Philippe Égalité），他曾投票赞成处死自己的亲属——法国国王路易十六（King Louis XVI）。尽管他在政治上曾得到人民的拥护，但最终还是被送上了断头台。他是法国最后的君主路易·菲利普（Louis Philippe）国王的父亲

殿”(Palais-Cardinal)改为“巴黎王家宫殿”(Palais-Royal)。当路易十六的弟弟、奥尔良公爵菲利普与英国国王查理一世的女儿结婚后，这座宫殿成为奥尔良家族的主要居所，同时也成为巴黎时尚生活的中心。1780年，奥尔良公爵将这座宫殿赐给了他的儿子，后者对宫殿进行了大规模的改造，包括将花园一直修到宫殿的后方，在周围建了3排带商铺的拱廊街道，还在上面加盖了公寓用来出租。

这座新奇又颇具争议的建筑集住宅区、城市旅游度假区和商业街于一体。人们对巴黎王家宫殿赞赏有加，认为它改变了人们的购物方式，开创了零售业的历史，并且开启了一直延续到20世纪30年代的拱廊市场的时代。除了店铺、咖啡馆和剧院，宫殿的核心区域还仿照沃克斯霍尔(Vauxhall)和拉内拉(Ranelagh)地区的游乐花园进行设计。正如弗拉戈纳尔(Fragonard)在油画《甜蜜的生活》(*douceur de vivre*)中捕捉到的这一时期的生活乐趣，这位奥尔良公爵和他的建筑师维克托·路易(Victor Louis)也在建筑中尝试融入优雅、精致的娱乐精神。

这在巴黎是前所未有的。

与伦敦不同的是，巴黎的街道路面未经铺砌。在豪斯曼(Hausmann)对巴黎市进行改造之前，行走在巴黎那狭窄、潮湿的路面上是一件又脏又危险的事情，即使路人能够躲开富人们疾驰而过的马车，也难免被溅一身污泥。到了晚上，没有路灯的街道更是危险重重。

与之形成鲜明对比的是，巴黎王家宫殿的拱廊灯火通明，地面也铺设一新，还有私家警卫队保障安全。而且，与巴黎其他地

巴黎王家宫殿优雅的花园景观

方不同的是，每天清晨，这里都会有一大群清洁工四处忙活，为迎接宫殿新一天的消遣活动做足准备。

游客们感到叹为观止。

有人写道：“一个人情愿在巴黎王家宫殿中住一辈子，永远不会厌倦，就像活在一个迷离的梦里，他在临死前可以说‘看过它，世上再无繁华’。”[3]

这里的夜景更是令人陶醉。

> 拱廊的灯光洒向绿色的树枝，却又藏入树影中。别处传来柔和甜美的音乐声，阵阵微风吹动树上的小小叶片。“欢乐的仙女”一个接着一个地向我们走来，抛出手里的鲜花。她们叹着，笑着，邀请我们走进她们的洞穴，承诺会带给我们难以言喻的快乐，接着一切都消失了，刚发生的事仿佛只

王家宫殿的一个典型夜晚

是月下幻影。

巴黎最好的东西都荟萃于此："巴黎有的（巴黎能有什么没有呢？），这里全有。"在这座欢乐的殿堂里，你能得到的东西很多，其中之一就是准确的时间。

在5月至10月间，每当临近中午的时候，一众时尚名流便会聚集在巴黎王家宫殿的花园里，手上拿着怀表。天空中的云越少，聚集的人就会越多。当太阳行经正午最高点的一刹那，人群中会爆发出一阵惊呼。

当时有一个名为鲁索（Rousseau）的钟表师，他心灵手巧，而且颇具商业头脑。他在巴黎王家宫殿的博若莱长廊（Galerie de Beaujolais）96号开了一家店铺。1786年，他在花园中央的一个基座上放置了一架小型的青铜火炮。火炮上配有一架定位精准的强力放大镜，当太阳到达日中时，放大镜就会通过聚集阳光而点燃炮捻，从而引爆弹药。当这种“由太阳触发的”炮声在优雅的拱廊周边回荡时，时尚名流们便会同步校准他们的怀表。

套用今天的说法，这是“巴黎王家宫殿体验”的一个重要部分，并且得到了法国诗人雅克·德利尔（Jacques Delille）的描写。有一天，当他与奥尔良公爵穿行于巴黎王家宫殿时，他被邀请写一首短诗，来表达他对这里的感受。于是他便献上了一首精妙的四行诗：

万象在此园相遭，
除却树荫与繁花；
设若你德行有差，
至少可校正怀表。

这件19世纪早期的表盘是由鲁索制作的，包含一块圆形的大理石板，上面刻着日晷刻度。石板上固定着一枚小型的青铜炮和一个倾斜放置的放大镜。正午时刻，阳光经过放大镜聚光而引燃火药，从而使大炮开火。因此，这件装置被称为“正午大炮”（noon cannon）

不过，对于巴黎人来说，校对怀表很快就被更为紧迫的事情取代了。法国大革命的爆发令这片人间乐土黯然失色，而且颇为讽刺的是，鉴于奥尔良公爵的背景，他竟然接受了这些变革，将自己改名为“平等的菲利普”，“巴黎王家宫殿”也被改名为“巴黎平等宫殿”(Palais-Egalité)，里面聚集了大量的革命人士，当然也不乏寻欢作乐之人。他甚至投票赞同处死其亲属——法国国王路易十六，不过，他自己最后也被送上了断头台。他的儿子出逃国外，后来成为法国的末代君主路易·菲利普一世。

这架太阳炮在巴黎王家宫殿的一间咖啡馆里躲过了大革命的浪潮，并于1799年被重新安置在花园的基座上，继续履行其职能。不过，到了1911年，当格林尼治标准时间得到采用后，这种报时方式就被弃置不用了。它一度被放在一个玻璃匣子里保存，其独特的外观被一位作家形容为“小鱼缸里的铜蟾”[4]。然而，到了20世纪70年代初期，这件藏品已经尽显沧桑：表面氧化，透镜丢失，许多组装的部件也消失不见。

1975年，相关修复计划启动，同年5月，一个可以再次鸣响的太阳炮重新回到了巴黎王家宫殿。除了可以在正午鸣响，这件复原品还可以根据巴黎和格林尼治经线的时间差、天文时差，以及时钟的季节性变化进行调整。

这件复原品是1975年5月14日落成的，当天的太阳在中午12点47分到达正午最高点。可惜，就在12点45分时，一片云彩飘过来破坏了这个场景。1998年，这件复原品被窃，2002年，人们又在原地安置了一个简易的、无实际功用的复制品。

如今的太阳炮已经变得和巴黎王家宫殿一样安静而平和，怀表的校准也不再是一项重要的社交活动了。此外，严格来讲，18世纪80年代那些聚集的社会名流并未能将其怀表调整成真实的巴黎时间，因为太阳炮的位置并不完全位于巴黎的子午线上，而是略向西偏了60米左右。不过，从赶时髦的角度来看，如此微末的偏差还是可以接受的。

1979年，路易·马凯（Louis Marquet）在其所写的一篇有关巴黎王家宫殿太阳炮的论文中，提出了一个颇具创见的观点。他认为，“声音的传播速度与太阳在这一纬度上的‘移动’速度大致相当，因此，在太阳炮西侧的人群，也就是朝向巴黎凯旋门方位的人，在听到炮声后所校对的时间就是他们所在位置的真实日中时间”[5]。

每天中午太阳炮的鸣放仪式会引来众多社交名流驻足守望，并把校对怀表这种平淡无奇的活动转变成一种时尚之举

抛开这种复杂的诡辩不谈，可以肯定的是，对于当年在巴黎王家宫殿的那些“钟表守望者”而言，赶时髦自然比时间准确重要得多。

美国的博学家
富兰克林

政客、邮局局长、出版人、科学家、讽刺作家、外交家、眼镜商、海洋研究者、道德家、气象学家、货币理论家、改革家、人口统计学家、风筝爱好者、国际象棋棋手、作曲家、教育家、政治家、通晓多种语言者……本杰明·富兰克林绝非等闲之人，他更像是人类中的瑞士军刀。不论在哪儿，似乎都有用得着他的时候——无论是条约谈判（1783年《巴黎条约》），还是改善视力（双光眼镜［bifocals］是他的主意），或是遇到泌尿系统疾病（他为患有肾结石的哥哥约翰设计了一种可伸缩的银质导尿管），又或是带领人民摆脱专制压迫，让世界上最强大的军队之一卷铺盖走人（他参与领导了美国独立战争这件“小事”）。对于富兰克林来说，似乎没有他不会的，所以毫无疑问，他也是一位很有天赋的钟表师。

第553号展厅可能不是大都会艺术博物馆（Metropolitan Museum）中最忙碌的展区；每年成千上万的参观者涌向年度服装学院展区时，往往会忽视这间陈列着新古典主义家具和器物的小展厅，除非他们在前往附近的皮特里宫廷餐厅（Petrie Court cafeteria）时恰巧路过这里。不过，凡是曾在此驻足的参观者，一定不会对这座奇怪的时钟感到陌生。它被装在一个由橡木和柏木制成的钟壳里，形状类似方尖碑。

表盘上写有大卫·伦琴（David Roentgen）和彼得·金青（Peter Kinzing）的名字，这两个人都是法国国王路易十六和王后玛丽·安托瓦内特（Marie Antoinette）身边的红人，他们为国王和王后提供奢华精巧的机械器物。伦琴甚至获得了“国王和王后的家具师”的称号。这个富有创造力的二人组代表性的作品是一张拥有许多秘密抽屉的机械桌，桌上还配有一座时钟，是由金青制作的，可以演奏十几首乐曲。为了获得这张桌子，国王豪掷8万里弗（相当于今天的50多万英镑）。[1]

然而，这座钟最吸引人的不在于表盘上的名字，而是表盘本身。它只有一根分针，没有时针，此外还有4个同心的环状刻度：表盘的最外环划分为4个区间，每个区间校准60分钟；由外向内的剩余3个圆环，各校准4个小时。指针每4个小时旋转一周，人

在纽约的大都会艺术博物馆中，最不同寻常的时钟之一是源自18世纪晚期的“方尖碑钟”（Obelisk Clock），机芯由富兰克林设计。除传统的钟摆外，颇具埃及风格的方尖碑状钟盒，以及最顶端装饰的双面神雅努斯（Janus），无不渗透着制作者对古典文明的浓厚兴趣

富兰克林希望他设计的简化机芯能够被用于经济款的时钟上，它只包含3个齿轮，1个4小时制的环形旋转表盘和1根分针。不过，在这件作品中，这种简化机芯被装入了豪华的时钟当中。该时钟的制作者是法国国王路易十六及王后玛丽·安托瓦内特最得意的两位工匠，家具师大卫·伦琴和钟表师彼得·金青。富兰克林在巴黎期间，可能和他们有过接触

们可以按照螺旋的方式读出1至12时。这种表盘的发明者既非伦琴，也非金青，而是本杰明·富兰克林。

正如富兰克林的其他很多主意一样，这种设计也是极具天才创意的，它大大减少了钟表所需零件的数量。

人们认为这项发明可以追溯至1758年，最初的名称是“弗格森钟”(Ferguson’s Clock)，得名于英国的钟表师弗格森(Ferguson)，他对富兰克林发明的这种仅包含3个主齿轮和2个副齿轮的重锤驱动式钟表进行了完善。

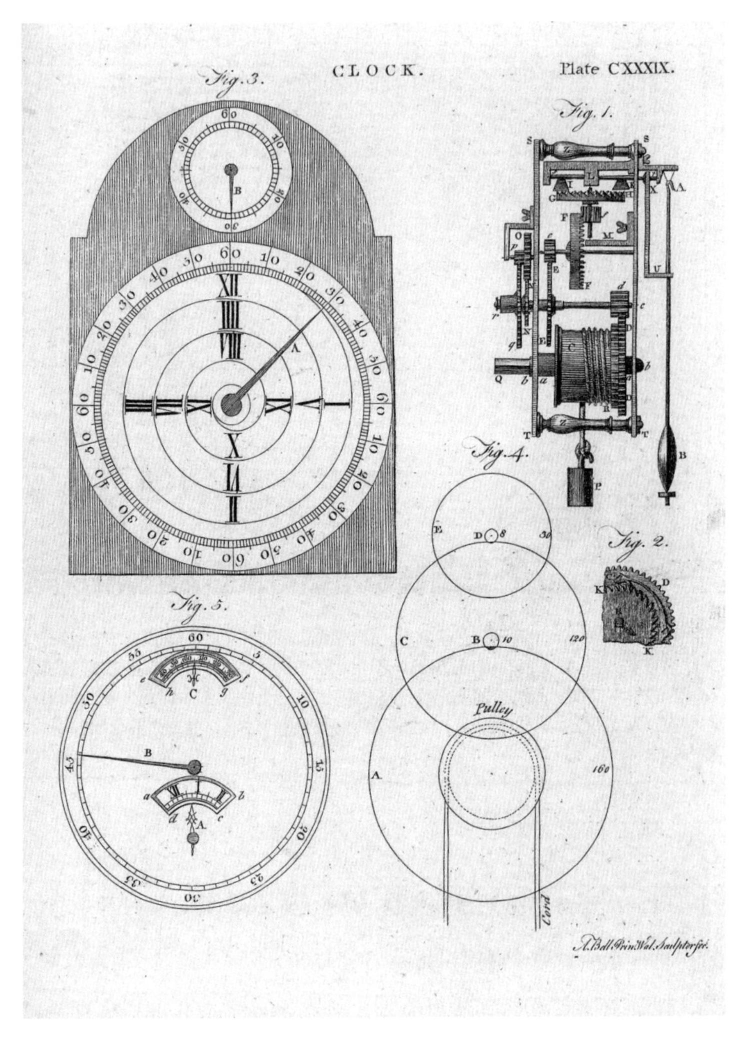

正如这幅雕版画所展示的，富兰克林设计的机芯尽显简明。安德鲁·贝尔（Andrew Bell, 1726—1809）的雕版作品

博学之士富兰克林，从四周的陈设上可以看出他在众多领域的深厚造诣。可惜这幅画像并未涉及他作为一位幽默作家的功力

这是一个集经济性和简明性于一身的杰作，此外，它还蕴含着一个意识形态上的甚至道德上的理念：用最少的零件来呈现时间。弗格森曾赞许地指出，“我根据博士（富兰克林，他当然拥有好几个博士学位）的天才设计制作了几台钟，我可以确定，其中有一台的走时相当好。对于任何领域的科学人士来说，机器越简单，它的表现就越好”[2]。

当然，在大都会艺术博物馆里的这台时钟身上还有一个滑稽讽刺的地方：作为清教徒出身的民主主义者和共和党人，富兰克林发明的这件超简机芯竟然被18世纪顶尖的奢侈品和机械制作者所使用（甚至可以说是被抢夺了），献给欧洲最奢靡的王室。

但是，作为美国早期著名的幽默家——没错，他早期的一些文稿非常滑稽有趣——本杰明·富兰克林想必也会非常享受这个玩笑。

断头台和超复杂系列
玛丽·安托瓦内特的宝玑表

在将他的西姆卡（Simca）1000型掀背式小轿车停稳后，这个双颊瘦削、五官分明的男子关闭了引擎，在座位上稍歇片刻，用机敏的眼睛环顾四周。下车后，他走向汽车后备厢，从里面拎出一个工具箱，然后朝一座蜜色的高大建筑走去。

他动作轻巧利索，先是用千斤顶在铁栅栏之间顶出一个豁口，然后钻了进去。

那是1983年4月15日星期五的晚上，这座蜜色的建筑是耶路撒冷的伊斯兰艺术博物馆（L.A. Mayer Memorial Institute for Islamic Art），而以色列历史上最大的盗窃案正拉开帷幕。

这座博物馆当时已经开办9年了。该博物馆由已故的维拉·萨洛蒙斯（Vera Salomons）创建，并以她的朋友——学者与考古学家莱奥·阿里·迈尔（Leo Ari Mayer）教授的

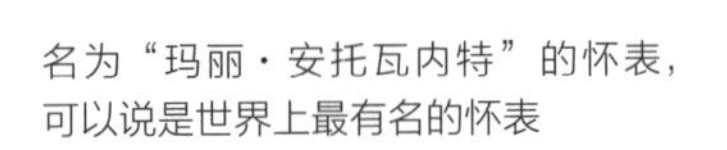

名为“玛丽·安托瓦内特”的怀表，
可以说是世界上最有名的怀表

名字命名。这座博物馆里收藏着世界上最重要的伊斯兰艺术藏品之一。

除了珠宝、玻璃器皿、地毯和《古兰经》古卷，博物馆还收藏了一系列独特的钟表，许多都是由18世纪末19世纪初最有天赋的钟表师在法国制作的。其中有一款怀表，被誉为“钟表界的蒙娜丽莎”，也是世界上最受赞誉的钟表之一。它的地位、价值以及复杂性全都隐藏在它的名字或者说制作者给它分配的代号之下：第160号。

160这个数字源自18世纪一位钟表师的订货簿中的编号，而这只怀表因预订者的名字——玛丽·安托瓦内特——而闻名。

一块为法国历史上最著名的王后定制的怀表，为何最终出现在了耶路撒冷的一座伊斯兰艺术博物馆中？要想弄清其中的缘由，我们有必要将时间拨回到1762年。在今天瑞士境内的一个湖畔小镇——纳沙泰尔

这只怀表是为法国王后玛丽·安托瓦内特定制的，不过她没能活到怀表完工的那一天

（Neuchâtel），一个15岁的男孩正坐在去往巴黎的驿站马车上。他的父亲新丧，母亲改嫁了，继父是一个钟表匠。男孩在经过一年的学徒生涯后，展示出了很高的制表天赋，于是他踏上了前往巴黎的旅程，去开创属于自己的名望、财富和历史。

阿伯拉罕·路易·宝玑（Abraham Louis Breguet）给私人钟表带来的变革比之前或此后的任何人都要深远

在人类发展史上，总有一些具有划时代意义的重要人物出现：在天文学上，有哥白尼和伽利略；在地理探索上，有哥伦布；在英语文学上，有莎士比亚；在绘画领域，有毕加索；而在钟表领域，则有阿伯拉罕·路易·宝玑，也就是这位坐在驿站马车上、沿着崎岖小路向巴黎进发的年轻人。宝玑给私人钟表带来的变革比之前或此后的任何人都要深远。简单来说，他发明或完善了我们今天所知的机械表的大部分零件。

即使对宝玑所作的贡献作一个最简单的梳理，也会令人感到震惊不已：1780年，他推出了第一款自动上链（self-winding）表；3年后，他为问表（repeater watch）[①] 发明了打簧游丝（gong

① 又称“打簧表”，通过表壳边的按钮或拨柄，可以启动一系列装置，进而发出声响，报告当前的时间。

spring)[①]；1790年，他发明了“降落伞”避震器(pare-chute shock-absorption system)；1796年，他推出了第一款旅行钟(carriage clock)；当然，最著名的还是他在1801年的专利——陀飞轮(tourbillon)。在钟表行业里，人们每天都会无数次想起他的名字，而他的名字也被用于形容工艺中的各种审美或技术元素：宝玑式指针、宝玑式数字和宝玑式游丝。他不仅是一位有天赋的钟表师，在浮夸式营销方面也颇有心得。有一次，为了炫耀他的新型避震器，他当着塔列朗(Talleyrand)的面掏出自己的怀表扔在了地上。

毋庸置疑，他是法国宫廷的红人。

不过，宝玑也不是一个特别讲求安分的人，当巴黎民众的不满愈演愈烈，最终爆发成法国大革命的大规模流血冲突时，他也沉浸在攻占巴士底狱和《人权宣言》发表的兴奋之中。他加入了宪法之友协会(Society of the Friends of the Constitution)[②]，该协会很快便因其成员聚集地——原雅各宾修道院(Jacobin monastery)而声名鹊起。

1792年9月发生的大屠杀缓和了宝玑的激进主义思想，他在政见上变得更加温和，开始反对罗伯斯庇尔。由于担心自己的生命安全，他请求自己的老友，同样来自纳沙泰尔的让-保尔·马拉(Jean-Paul Marat)帮助自己离开法国。1793年6月24日，国民公会的公共安全和监察委员会对市民宝玑的申请进行了听证，

①一种盘绕在机芯边缘的音簧。这项发明大大减少了问表的厚度，同时使其音调更为和谐悦耳。

②也就是雅各宾派的前身。

并同意向他和他的直系亲属颁发护照。这次听证可谓及时，因为就在十几天后的7月13日，马拉在自己寓所的浴缸里遇刺身亡。

经过几个星期的焦急等待，他终于拿到了这些文书，并于8月11日离开了他经营30多年的企业。在为此次逃亡所收拾的行李当中，就包括了这个被称为“第160号”的未完工项目。由于前途未卜，他不知道自己将来是否还能回到巴黎，因此当时面对这堆拼装了一半的零件，他的心情一定十分复杂。就在10年前，在一种无比神秘的气氛下，这个订单被写入了他那厚厚的账簿当中，由王后禁卫军中一个身份不明的军官所订。

王后是否知道这个订单？这位军官到底在替谁做事？这些都一概不知。更令人抓狂的是，这位神秘的客户明确要求宝玑设计一款百科全书式的便携式怀表，涵盖当时已知的所有复杂功能：“一块‘永动’（Perpetuelle）三问报时怀表，带有完整的万年历，天文时差，动力储备显示，金属温度计，特大独立秒针和小长秒针，杠杆式擒纵机构，金质宝玑双层游丝，双‘降落伞’避震，所有摩擦点、凹槽及轴承均为蓝宝石材质，金质表壳，水晶表盘以及黄金和钢制指针。”[1]

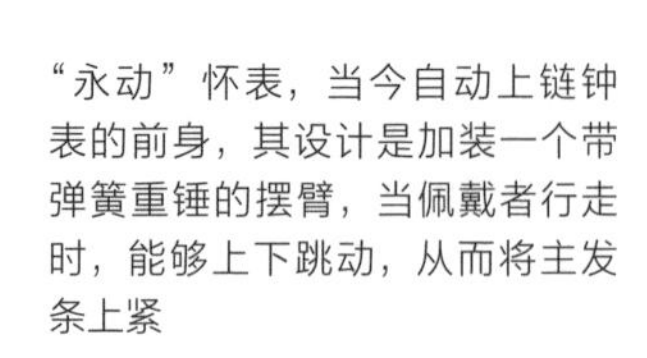

“永动”怀表，当今自动上链钟表的前身，其设计是加装一个带弹簧重锤的摆臂，当佩戴者行走时，能够上下跳动，从而将主发条上紧

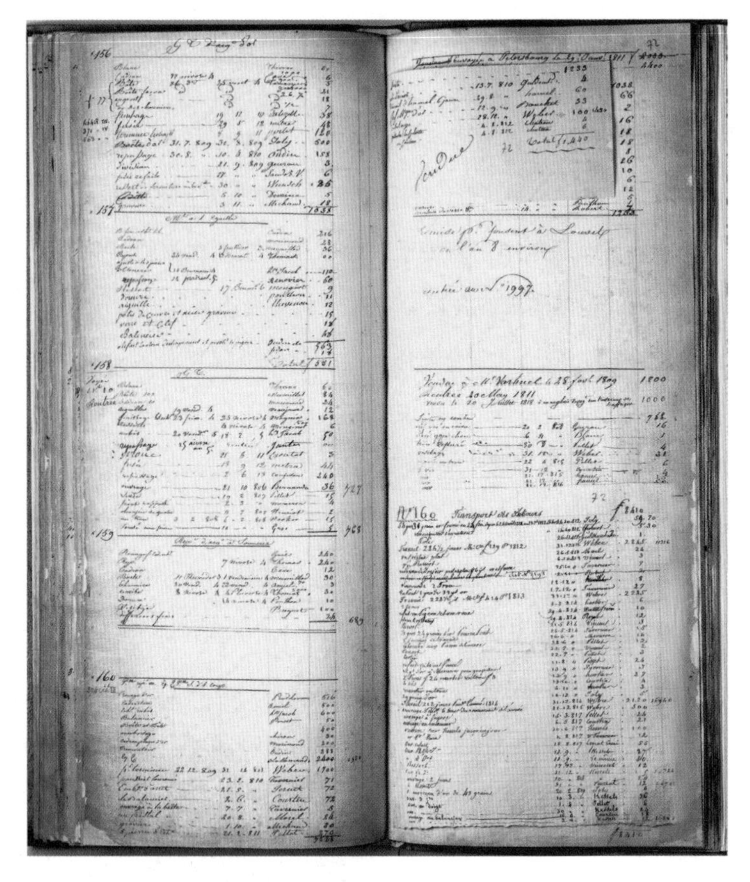

记录宝玑“第160号”超复杂怀表制作工序的生产台账，这只表也被称为“玛丽·安托瓦内特怀表”（源自宝玑钟表收藏馆）

这笔订单对制表的工期和费用均无限制，唯一的要求是，凡是能使用黄金的地方尽可能使用黄金。实际上，宝玑当时也收到了另一个邀约，要求制作一台类似的教堂时钟，使其成为文艺复兴以来技术最先进的作品；而这次则需要把这样的设计融入小小的怀表表壳当中。这将是钟表领域的一次终极大冒险，在技术复杂度和机械微型化方面的挑战前所未有，注定将受到欧洲顶级王室的追捧和拥戴。

这并非玛丽王后的第一款宝玑表：在1782年，宝玑就为王后制作了一款“永动”表，一只配有日历的自动上链问表。她的丈夫，也就是法国国王路易十六，素来热衷于机械物品和钟表制作，因此也是宝玑的客户。不过，前来委托制作“第160号”的男子并非国王，很多人都怀疑是瑞典伯爵阿克塞尔·冯·菲尔逊（Axel von Fersen），据说他是王后的情人。也有说法认为，“这只怀表是准备献给王后的某个宠臣的礼物”[2]——或许就是菲尔逊。

无论真相如何，这个礼物注定与王后无缘。在宝玑逃离巴黎后的短短几个星期里，玛丽·安托瓦内特王后就在这个血流成河的大革命广场（后改名为“协和广场”）上，在愤怒的民众的见证下，被送上了断头台。

宝玑要比他的客户幸运得多。回到巴黎后，他成为拿破仑时代精英人士的钟表师，享受着更大的荣耀。实际上，有记载的最早的腕表便是出自宝玑之手，是为拿破仑的妹妹、那

汉斯·阿克塞尔·冯·菲尔逊伯爵

不勒斯王后卡洛琳·缪拉（Caroline Murat）定制的。甚至有猜测认为，法兰西皇帝“经常微服前往钟表作坊，探讨他迫切希望改进的大炮和火器”[3]。总之，自1797年起至1814年波拿巴势力倒台，拿破仑家族总共认购了约100件钟表。不过，政权的更替为宝玑带来了更多的客户，尤其是俄国沙皇亚历山大一世以及威灵顿公爵，据说威灵顿公爵曾花了300基尼①（大致相当于一名苏格兰灰骑兵一年薪水的30倍）来购买一块问表。

宝玑非凡的职业生涯跨越了波旁王朝、大革命时期、拿破仑帝国和波旁复辟王朝等历史阶段，不过，在如此跌宕起伏的历史命途中，有一件事一直没有改变：即使在人生最后的岁月里，他仍未停止对“第160号”的研制。这块表直到1827年才完工，此时距玛丽王后魂归断头台已有34年，距菲尔逊被私刑处死已有17年，距离宝玑本人过世也有4个年头了（他在遗嘱中给儿子留下了如何完成剩余工作的指导）。

在问世之后的100年里，这块表一直保持着世界上最复杂怀表的名号，而它之后发生的故事则与它的创制过程一样跌宕起伏。这块表后来被一位名叫格鲁瓦耶的侯爵（Marquis de la Groye）买走，他年轻时曾担任玛丽王后的近侍。1838年，这块表被送回宝玑公司进行维修，但此后无人领取，一直留存在巴黎的宝玑公司。直到1887年，该表被出售给一位英国游客，斯宾塞·布伦顿（Spencer Brunton）爵士。后来该表传给了他的兄弟，之后又被收藏家兼艺术品交易商默里·马克斯（Murray Marks）购

① 英国旧货币，1633—1816年间使用。

得，他的客户包括 J. P. 摩根。默里又将该表卖给了著名的宝玑怀表修复师路易·德苏泰（Louis Desoutter）。然后，1917年春季的一个雨天，在伦敦西区一家店铺的橱窗里，它引起了大卫·莱昂内尔·萨洛蒙斯（David Lionel Salomons）爵士的注意。

> 一块外观奇特、不同寻常的怀表吸引了我，它旁边的展牌上写着一个名字“玛丽·安托瓦内特”。于是我走近橱窗，端详了一下这块怀表。我发现，这是宝玑为那个时乖运蹇的王后制作的，也是宝玑的名作。它的标价很高，但是物有所值。从事后多方向我发来的收购请求可以看出，这笔交易还是很划算的。我每晚都在研究这块极为复杂和有趣的怀表，最终得出一个结论：没有任何钟表师的作品能与其相提并论。[4]

萨洛蒙斯爵士死后，这块表传给了他的女儿维拉，维拉于1969年去世。5年后的1974年，伊斯兰艺术博物馆落成并开放，这块表在馆里向公众展出，直至1983年春天那个温暖的夜晚。

就在这个野心勃勃的盗贼破门而入盗走这件历史珍品的同一年，钟表业的未来也在瑞士拉开帷幕。

“第160号”堪称天价，斯沃琪（Swatch）表主打的则是廉价策略；“第160号”需要耗费40多年的时间制作，斯沃琪表的设计则是为了制作的简单快捷；世界上只有一块“第160号”，而且后来杳无踪迹，斯沃琪表却可以而且即将生产数百万只。斯沃琪推出的塑料手表将成为世界上最为人熟知的物品之一。实际上，

2009年7月21日，伊斯兰艺术博物馆举办的“旧时光的秘密”（Mystery of Lost Time）展览一角，参观者们在欣赏宝玑表，其中包括失窃以来首次展出的玛丽·安托瓦内特怀表

斯沃琪的策略非常成功，以至在1999年，它收购了具有传奇色彩的老牌公司——宝玑。

斯沃琪成功的缔造者是一位出生于黎巴嫩的管理顾问，名叫尼古拉斯·G. 海耶克（Nicolas G. Hayek），他被称为瑞士钟表业的拯救者。晚年的海耶克对宝玑非常崇拜，所以业内也将他戏称为“阿伯拉罕·路易·海耶克”。

“第160号”怀表失窃长达21年后，依然杳无音信，倍感无奈的海耶克将斯沃琪集团的海量资源投入到对这块遗失珍宝的重新研制上。即使借助于21世纪的先进科技，复原品也花了4年才告完成。不过，在2006年，当复原品即将面世时，曾在部队担任飞行员，后从事过伪造现金、盗窃等各种犯罪活动的小偷纳曼·迪勒（Na’aman Diller）在临终忏悔中坦白了一切。那次盗窃得手后，他用报纸将这些名表裹住，塞进盒子，然后放置在一间仓库里。这些名贵钟表在那间仓库里一待就是21年，其中就包括“第160号”。

这块表现已被归还给原博物馆，而且受到了更加严密的保护。它将在这里见证，未来的数个世纪，是否还会像之前的两个世纪一样充满变故。

送时上门
贝尔维尔天文钟

伊丽莎白·露丝·贝尔维尔（Elizabeth Ruth Belville）夫人于英格兰萨里郡的沃林顿去世，享年89岁。她有一块历时100多年的怀表，在半个世纪的岁月里，她致力用这块怀表将格林尼治标准时间提供给伦敦的各个商行。每个星期她都要前往格林尼治3次，对她的怀表进行精度校准。[1]

1943年12月13日清晨，《泰晤士报》带着它那经典的头版和读者们见面了，上面排满了各种广告、出生及死亡信息、个人声明、法律通知和公职委任信息：伦敦西区某先生出售麝鼠皮大衣，“品相极好”；比肯斯菲尔德学校招聘一名助教——“须掌握拉丁语和法语”；某位“绅士”求购300或400支哈瓦那雪茄；莱斯特皇家医院招聘女按摩师。报纸上同样也刊登着各种世界要闻：基辅战役的近况；捷克与苏联签署条约；大西洋上的U型潜艇；希腊君主制的未来；阿尔及利亚宣布，戴高乐将军（General de Gaulle）正授予数万名穆斯林法国公民身份……

总之，对于素有“怒吼者”之称的《泰晤士报》来说，如果读者们错过了报纸上的一则短篇消息，也并不奇怪。这篇消息只有55个单词，挤在第6版底部的填字游戏上方，旁边是一篇篇幅稍长的克罗伊登公司（Croydon Corporation）餐饮部经理的讣告。

维多利亚时期的一对夫妇正在格林尼治皇家天文台外墙上观看谢泼德门钟（Shepherd Gate Clock）。在那个年代，格林尼治标准时间是一种可以在伦敦西区出售的贵重商品

不过，随着贝尔维尔夫人的离世，英国计时方面的一小段历史也走向了终结。

贝尔维尔夫人的祖母在法国大革命期间作为避难者来到英国，1795年夏天诞下一个男孩，名为约翰·亨利（John Henry）。[2]亨利5岁的时候，母亲去世，他则被约翰·庞德（John Pond）收养（也有说庞德是他的生父）。[3]庞德接替了内维尔·马斯基林——也就是在英国测定经度悬赏活动中哈里森的竞争对手，成为英国第6任皇家天文学家。1816年，约翰·亨利也加入了皇家天文台，担任二级助理。此后，他一直在天文台工作，直到40年后去世。

到19世纪30年代，庞德显然遭受了精神疾病的困扰，而他也让整个天文台的工作陷入混乱。后来，他的职务被精力充沛的乔治·艾里（George Airy）教授接替，艾里教授很快让天文台恢复了秩序。天文钟的制作者们习惯派人前往皇家天文台获取准确时间，不过艾里觉得这些访问者会干扰到天文台的日常工作，因此将访问时间限定在周一，并且接受了前任皇家天文学家的提议，指派约翰·亨利·贝尔维尔负责授时工作。在21世纪，准确的时间无所不在，只要身边有一台收音机或电话，人们就可以轻易知晓。不过，在19世纪30年代，由格林尼治天文台的“（时间）制造者”给出的准确时间则是一种价值极高的商品。

格林尼治皇家天文台的钟

早在庞德的行动能力尚未受到疾病的影响前，他在天文台的屋顶上安装了一颗报时球，每天下午1点钟会从屋顶落下（之所以选择1点钟，是因为天文学家们在此时能有足够的时间进行必要的观测，以确定正午的准确时间）。停泊在泰晤士河的船只上的人们可以看到报时球的这一运动，从而及时校正他们的天文钟。

艾里所做的则更进一步。

贝尔维尔负责照管天文台大门上新安装的一块24时制的钟。从1836年6月起，[4]他每周都要前往伦敦西区和城内，为那里的天文钟制造师及其他订购了年度授时服务的客户提供格林尼治标准时间，传递时间的工具就是他那块和天文台校对过时间的怀表。

就像当天早上新捕的鱼或面包房里刚出炉的面包一样，准确的时间自然也是越“新鲜”越受人欢迎。1836年，伦敦至格林尼治的首条蒸汽火车铁路开通，火车载着乘客行驶在由878个砖拱组成的高架桥上，越过果蔬农场以及伦敦南部不断发展的郊区，“热气腾腾”的格林尼治标准时间在几分钟内就可以被送至伦敦市中心。

约翰·亨利·贝尔维尔于1856年去世，当时，人们已经学会通过电报传递时间信号了（此时人们已经掌握了一定的电学知识）。大卫·鲁尼（David Rooney）教授曾就该问题写过一本有趣的小书。据他介绍，“约翰的许多授时服务订购者仍然倾向于利用他们熟悉和信赖的技术”[5]。

玛利亚（Maria）是贝尔维尔的第3任妻子，他们育有一女，名叫露丝。父亲去世时露丝只有两岁。玛利亚给艾里写信，请求英国海军部发放抚恤金。当这项请求被驳回后，她寻求并获准继续承担丈夫的工作，每次出行她都会带上自己的小女儿。

据露丝后来回忆，当时的生意非常红火，甚至出现了贝尔维尔所售标准时间的二级市场：

> 我依稀记得，在我小的时候，母亲带着我去了一家位于克勒肯韦尔（Clerkenwell）的公司……当她用天文钟检查了校准器后……我们将标准时间传达给三四个来到店铺的人，

他们手里都拿着天文钟。母亲告诉我，这些人都是天文钟制造师，他们向大公司支付少量费用后，就可以获取二手的（标准）时间了！[6]

此外，当玛利亚·贝尔维尔在1892年退休后，市场上对于标准时间的需求仍然很大，所以她的女儿接手了这项业务。

终日在伦敦奔忙的贝尔维尔也成了家喻户晓的人物。作为伦敦的活地标，她曾接受过媒体的采访，并且不止一次地出现在《大众科学月刊》（*Popular Science Monthly*）杂志的版面上，该杂志将她亲切地称为“伦敦的钟表女士”[7]。从她70多岁时的一张照片上可以看出，贝尔维尔的着装有点像马普尔小姐（Miss Marple）① 与上了年纪的玛丽·波平斯（Mary Poppins）② 的混合版，给人以专业可信之感。她戴着雅致的小帽，身穿老式的齐踝大衣，将权威可靠的标准时间传达给她的客户。无论这位客户是煤气抄表员，还是办公室职员，他都会踩在梯子上，踮着脚，调整大挂钟的指针，而贝尔维尔则手持天文怀表，站在下面提供指导。

她使用的这块大的天文怀表是她父亲在开启这项业务时使用的，后来由她母亲使用，现在则传到了她手中，成为她的名声和生计的来源。她的这项服务一直持续到1940年，战争的威胁令伦敦的街道成为危险之地（她当时已经超过85岁高龄）。当这块怀表退役时，它已经为伦敦市中心传递了100多年的格林尼治标

---

①英国女侦探小说家阿加莎·克里斯蒂（Agatha Christie）笔下的人物，在小说中是一名乡村女侦探。

②英国女作家特拉弗斯（Travers）系列童话中的主人公，一位具有普通女家庭教师的外表却身怀超人绝技的童话人物。

玛利亚·贝尔维尔（1811—1899），约翰·亨利·贝尔维尔（1795—1856）的第3任妻子。约翰去世后，她继续履行丈夫的职责，将格林尼治标准时间“传递”至伦敦西区

OCTOBER, 1929 POPULAR SCIENCE MONTHLY 63

Erased Writing Revealed by Ultra-Violet Rays

ULTRA-VIOLET rays, used in the treatment of rickets and other ailments, now are being called to the aid of the historian and antiquarian. Recently Professor G. R. Köbel, of the University of Vienna, Austria, discovered that, by means of ultra-violet rays, the now invisible writings on palimpsests, the doubly-written parchments of Medieval times, may be photographed and deciphered.

Parchment often was used twice and sometimes three times by the scribes of the Middle Ages, because of its cost and scarcity. The chronicler would erase, and frequently not very carefully, the writing from a document and use the same parchment again. By the new use of ultra-violet light, important historical, literary, and scientific data may be revealed.

American scientists have further discovered that various kinds of ancient inks may be brought to light by ultra-violet rays of different wave lengths.

Woman Sets Office Clocks by 100-Year-Old Watch

A WATCH that is said to have kept perfect time for a hundred years has provided its owner, Miss R. Belville, of London, England, with a steady income for forty years. Known as "The Clock-woman of London," she makes daily trips to a number of business houses, setting their clocks to the correct Greenwich time as told by the old timepiece, known as "Arnold 345."

The watch was made for the Duke of Sussex, son of King George III of England. Later it came into the possession of Miss Belville's father, an attendant at the Greenwich Observatory. He discovered its remarkable ability and started the unique occupation of supplying the correct time to offices, which his daughter, now seventy-five years old, still pursues.

London's "Clockwoman" supervising setting of office clock by her hundred-year-old watch.

Automobile "Tight-Ropes" on Power Line

H. Kambrinow, German dare-devil, driving his automobile on hundred-foot-high power lines.

A TIGHT-ROPE-RIDING automobile recently thrilled watchers in the vicinity of Berlin, Germany, when H. Kambrinow, a dare-devil rider, drove the machine along parallel high tension wires for almost a fifth of a mile. At some places the swaying wires were a hundred feet from the ground, with yawning limestone quarries below, yet the heavy machine completed the trip safely at fifteen miles an hour.

The pneumatic tires had been removed, and the car ran on clincher rims, which held it to the wire. Before the perilous ride, the electric current in the wires was turned off at the power house to make the feat possible. Near the end of the performance, Kambrinow stopped the machine for a moment and, standing up in the seat, waved reassuringly to watchers in a gully below.

Three-Color Flashlamp Serves as Signal

A RED, green, or white light is possible with a new electric flashlamp pictured above. It is designed especially for policemen, motorists, and campers, for whom it serves as a handy method of night signaling. When both buttons on the front of the device are at the bottom, the light is white. Sliding one of the buttons up pushes a red shield between the lens and bulb and the light changes to red. If, instead, the other button is moved up, the light becomes green. The first button to be manipulated must be returned to the lower position before the other one can be pushed up.

Another feature of the lamp is the arrangement of the three buttons at the top. One turns on the light, when pressed down completely. Given a slight pressure it can be used for flashing the light on and off in any of the three colors for "dot and dash" signaling. The center button locks the mechanism so that the lamp cannot become accidentally lighted while being carried in the pocket. The other button switches off the light. An adjustable leather strap permits the lamp to be carried in the hand, hung on the wall, or, whenever it is necessary, attached to a belt or button of a garment, leaving both hands free.

Plant and Bird Species Outlived Monsters

PLANTS and birds descended from species that lived millions of years ago still exist, while the large mammals and reptiles of prehistoric times, such as mastodons, dinosaurs, and giant armadillos, have been extinct for centuries.

This fact was revealed by recent excavations in two widely separated parts of the world. In the Sutschansk mines near Vladivostok, Siberia, a Russian paleontologist, found fossil plants 155,000,000 years old. What he discovered were really leaf prints in the rock, but these could clearly be distinguished as belonging to a genus of which the American wild sarsaparilla and the Hercules shrub are descendants.

In Florida, representatives of the Smithsonian Institution unearthed a fossil bed in which bones of ducks, geese, storks, and other present-day birds lay side by side with the remains of mammoths, ancient horses, and other creatures of at least a million years ago.

1929年《大众科学月刊》关于贝尔维尔夫人的报道，文章将她称为“伦敦的钟表女士”

准时间。

更令人感到吃惊的是，这块怀表甚至比它提供的服务还要古老。它是在1794年制作的，当时约翰·亨利还未出生，制作者是钟表师约翰·阿诺德（John Arnold），直至“二战”爆发时，它还被装在贝尔维尔女士的手包里，走遍了伦敦的大街小巷。

可以想见，她对这只饱经沧桑的怀表有着特殊的情感，在漫长的岁月里，她与怀表之间发展出了一种拟人化的关系：据一个熟悉贝尔维尔晚年生活的人回忆，“她总把这只怀表叫作‘阿诺德’，就像在称呼一位挚友的教名”。“她给客户办理业务时通常是这样的：‘早上好，贝尔维尔女士。今天阿诺德怎么样？’——‘早上好！阿诺德今天走快了4秒钟’，然后她会从手包里取出这块怀表，把它交给客户。客户对照着这块怀表将自己的校准器或标准钟校对准确，然后再把它还给贝尔维尔女士。这样一来，本周的交易便宣告结束。”[8]

露丝·贝尔维尔的照片，她在国际上被称为“伦敦的钟表女士”。露丝的着装有点像马普尔小姐与玛丽·波平斯的混合版，给人以专业可信之感

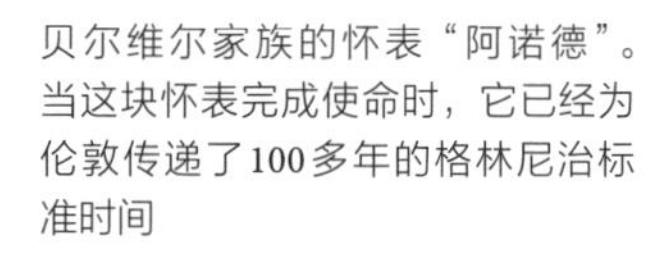

贝尔维尔家族的怀表“阿诺德”。当这块怀表完成使命时，它已经为伦敦传递了100多年的格林尼治标准时间

约翰·阿诺德在制表史上具有重要的地位，他也认识宝玑和哈里森（因经度测定问题而名扬四海）。利用哈里森创立的原则，阿诺德对航海计时器做了很多改进。他也为王室制作钟表；实际上，贝尔维尔的这块怀表本来是为乔治三世的儿子萨塞克斯公爵制作的，但他以表的尺寸过大为由没有接受。

这只贝尔维尔天文表绝非阿诺德制作的钟表当中最上乘的，但它现在被收藏在伦敦科学博物馆里。作为一只银质外壳、看起来并不起眼的怀表，它不大可能吸引游客们的眼球。但我们有理由说，它是最能够体现阿诺德作为钟表师的才华的一块怀表，因为它完成于小威廉·皮特（William Pitt, the Younger）担任英国首相时期，当时的男人们还习惯于穿马裤、戴假发；而这块怀表被用于追求精确的专业场景下，并且一直被使用，直到丘吉尔和原子弹问世的时代。

世界最著名的钟
大本钟

数百年来，英国财政部都是利用符木[①]来计算税款的。不过，在1834年，也就是《选举法修正法案》通过后第二年，威斯敏斯特宫的书记官得出一个并不令人感到意外的结论：这些助记工具太老旧了，已经无法适应现代的节奏，应当予以废弃。

事实证明，废止改革前使用的小工具的行动非常彻底，它超出了这位书记官或者其他任何人的想象。

根据指令，这些符木将被当作柴火烧掉。不过，工人并没有把它们捐给穷人，而是直接塞进了议会上议院下方的两个大火炉里。当时议会正值休会期，威斯敏斯特宫由女管家赖特夫人（Mrs Wright）照管。没有人注意到这座中世纪建筑中有数百年历史的烟囱里，温度正在不断攀升。到10月16日下午4时，跟着赖特夫人参观威斯敏斯特宫的两名访客已经看不清覆盖着挂毯的墙壁了，因为烟雾太浓，而他们脚下的岩石地面正在释放热量，隔着鞋子都能感受到。虽然已经看不清太多细节，但他们有一种直觉：自己将成为世界上最后几个看过旧上议院内景的人。

---

①一种经过打磨的木棍，中间刻有代表其价值的刻痕。纵向劈开后，借贷双方各执一半作为凭据。

从泰晤士河眺望英国议会大厦着火时的情景，相对于画家透纳（Turner）对这次大火灾的描绘来说，这幅图稍显平淡

下午5点，赖特夫人锁好了议会大厦的大门。大约6点，人们注意到上议院门底闪烁的火苗。几分钟后，这座建筑烧起来了。

整个英国议会大厦都着火了，火光冲天，照亮了秋天的夜空。消防车和消防员们被派往现场施救，此外还包括士兵和一支经过罗伯特·皮尔（Robert Peel）改编的新式警察队伍。不过，这些有数百年历史的建筑大都非常脆弱，已经无法挽救了。四周聚集了几千名围观者，其中包括约瑟夫·马洛德·威廉·透纳（Joseph Mallord William Turner），他根据这一景观创作的素描和水彩画给人以一种印象派的既视感。随着一声巨响和四溅的火花，上议院的屋顶坍塌了，火焰顿时蹿至高空。第二天早上，现场已经烧得所剩无几。

这座建筑就像是一个旧制度的殉葬者。从历史的角度看，19

世纪30年代似乎成了英国新时代的开端:《工厂法》(Factory Act)制定；奴隶制废除；镇议会设立；伦敦至伯明翰铁路线路开通；新的年轻女王即位；经过改革的议会最终将坐落在一座现代建筑中，其建造施工会占据维多利亚时代前半段的大部分时间。

威斯敏斯特宫将根据查尔斯·巴里（Charles Barry）的设计方案进行重建。巴里还雇用了一位助理——哥特复兴主义者（Gothic Revivalist）、皈依天主教的奥古斯都·韦尔比·诺思莫尔·普金（Augustus Welby Northmore Pugin）。19世纪30年代，新古典主义运动开始流行，刚过20岁的普金正成为该运动中的一颗新星。

值得注意的是，在最初的设计方案中并没有包含钟塔。不过，自13世纪晚期以来，威斯敏斯特宫就有一座钟塔（最后只剩下了一口钟，现存于圣保罗大教堂内），因此在新建的议会大厦中，应该有这么一座钟塔，而且要足够别致。

多产的维多利亚时代早期建筑师查尔斯·巴里，因其设计的新议会大厦而被授予爵位

从这个想法产生之初，人们就认为，新的钟不应当仅仅是一个公共计时器；它应该成为英国国际地位的象征，或者，正如英国政府工程办公室所说的，“一座高贵的时钟，真正的钟表之王，有史以来最

威斯敏斯特宫的著名钟塔，背景是跨年之夜的焰火表演

大的钟，从中能够看到和听到伦敦之心的跳动”[1]。这是一次爱国主义壮举，它将成为维多利亚时代的一大奇观，在那个时代，人们敢于追求大的目标，很大很大。

巴里认为，他有权对相关设计建造人员进行任命，因此他询问宫廷钟表师本杰明·武利亚米（Benjamin Vulliamy）是否可以承担这项工作。不过，规划中的这座时钟不仅要成为伦敦的中心，还要成为一个日益上升的全球帝国的中心，因此在其他层面，有关人士也在严肃地考虑时钟的建造事宜：皇家天文学家致信公共工程署长官坎宁勋爵（Lord Canning），建议由爱德华·约翰·登特（Edward John Dent）承担这项工作。面对人员任命上的难题，坎宁勋爵走出一步妙棋，他询问艾里能否为这只时钟制定标准，并组织相关选聘工作，最终交付一座足以展现英国科学和制造业顶尖水准的钟。

乔治·比德尔·艾里（George Biddell Airy）是19世纪30年代的另一位“新秀”，他曾在剑桥大学取得了辉煌的学术成就。在这里，他以数学学位考试第一名的身份毕业，赢得了史密斯奖，并且，在当选为三一学院的院士后，他先后被任命为“卢卡斯数学教授”（Lucasian Professor of Mathematics）和“布卢米安天文学教授”（Plumian Professor of Astronomy）。他曾担任剑桥大学天文台的台长，直到1835年出任英国皇家天文台台长。正如前一章所提到的，当时他面对的是按照更专业路线重整皇家天文台的繁重任务。他怀着维多利亚时代特有的工业革命精神，在天文台的各项工作中引入了很多改革措施，制定了严格的工作规范，其中就包括职员的守时素养。

他为威斯敏斯特宫时钟制定的标准也是一丝不苟，要求报时装置精确到秒，很多人都认为这个标准是无法达到的。艾里显然打算亲自检测这

数学学位考试第一名、三一学院院士、卢卡斯数学教授、布卢米安天文学教授、剑桥大学原天文台台长乔治·比德尔·艾里，1835年成为英国皇家天文台台长

座钟的性能：另一项要求是要安装电气设备，从而能够使其与皇家天文台实现电报通信。

最终，登特力压武利亚米，在选聘竞争中胜出，这也使后者内心颇为不平，而此时距离焚毁旧议会大厦的那场大火已经过去12年了。时间不断流逝，相关工程一再拖延，很多人都对此感到心急，其中就包括埃德蒙·贝克特·丹尼森（Edmund Beckett Denison），他既是一位专业的律师，也是一位很有天赋的钟表专家。他写信给新一任公共工程署的长官提及此事，新长官依照坎宁勋爵的方式，邀请丹尼森参与到这个工程中来。丹尼森欣然同意了，他仔细研究了工程的设计图，并宣布登特的方案是最好的，然后提出了大量修改意见。据相关钟表历史学家说，这些修改意见"基本上相当于重新设计"，不过这样做也是有必要的："假如丹尼森的修改意见未能被纳入钟的机芯设计中，这座钟就不太可能达到规定的精度。"[2]

政府部门最终于1852年1月同登特签订了时钟建造合同。同年2月，查尔斯·巴里也开始争分夺秒地完成钟塔的设计工作，或者说，是向他那位颇有天赋但身体欠佳的助理普金施压，因为普金当时患有重度的记忆丧失和间歇性妄想症，巴里希望普金能赶在精神崩溃前完成相关工作。巴里后来曾试图隐瞒普金在这座世界著名时钟上的贡献，不过正如普金的2007版传记的作者露丝玛丽·希尔（Rosemary Hill）指出的，后来被授予爵士的"巴里仍然无法设计出中世纪风格的门把手，他在相关设计理念上完全依赖于普金"[3]。

在提交设计图纸后不久，普金的精神崩溃了。虽然他曾强

奥古斯都·韦尔比·诺思莫尔·普金：因参与威斯敏斯特宫钟塔的设计工作而加速了他在精神病院的死亡

打精神，于2月25日在儿子的陪同下前往伦敦，“当普金抵达伦敦的时候，他已经精神失常”[4]。可以说，他是被威斯敏斯特宫的钟塔逼疯的。他在精神病院里度过了自己的40岁生日。他就像签订了一份魔鬼契约，以自己聪颖的头脑为代价，去设计出世界上最著名的建筑。到9月时，他已经去世了。

钟的建造过程并不顺利。心有不甘的武利亚米针对登特的任命提起了法律质疑。后来又遇到了擒纵机构的难题……

为达到工程要求的精度，登特最初提出了一种带有恒力装置的直进式擒纵机构（deadbeat escapement），也被称为“摆锤均衡键”（remontoire）。在丹尼森的设计方案中，有一种三星轮重力擒纵机构，它的运行情况很好，不过，丹尼森认为还可以对它进行完善。之后，他制作了一种四脚重力擒纵机构，运行效果更好了。但他感觉还是有改进的空间，最终又设计出了经典的双重三星轮重力擒纵机构。《大本钟：钟、表和塔》（*Big Ben: The Bell, the Clock and the Tower*）一书的作者彼得·麦克唐纳（Peter

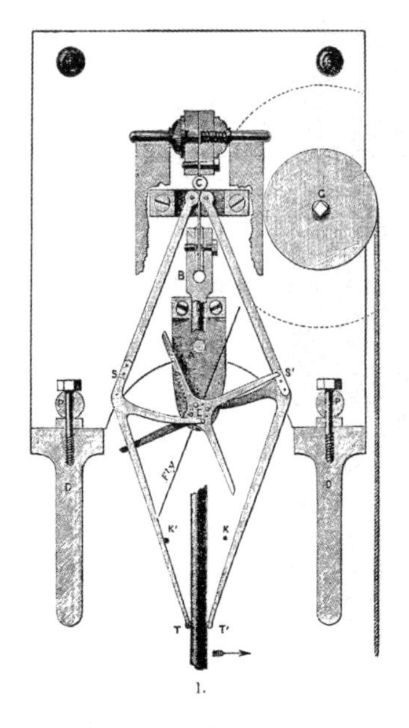

四脚重力擒纵机构

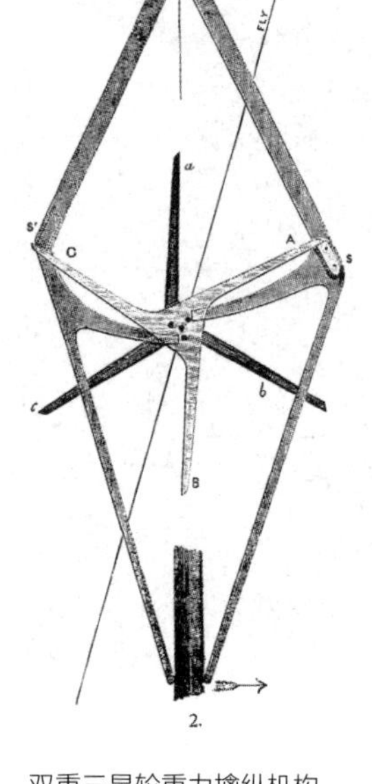

双重三星轮重力擒纵机构

Macdonald）将其描述为“一个真正巧妙的工程”。他解释道：

> 它的设计旨在保持足够的灵敏度，以保证工程要求的精度，同时，还要防止风霜雨雪等外部压力对指针的影响反馈至钟摆，从而影响钟的走时。这件发明是如此重要，以至这种擒纵机构被视为钟表科学领域最伟大的进展之一：它很快便被采纳为标准，并沿用至今，安置在世界各地的大多数大型塔钟之中。[5]

将一系列的钟、齿轮、副齿轮、指针、玻璃、重锤、链条以及著名的双重三星轮重力擒纵机构组装起来，就构成了威斯敏斯特宫的大钟，不过它通常被错误地称为“大本钟”。实际上，大本钟是人们对这个世界最大的钟的称呼；它是以某个人的名字命名的，有说是一位名叫本·冈特（Ben Gaunt）的拳击手，也有说是一位公务员，本杰明·霍尔（Benjamin Hall）爵士，他是1856年大本钟在蒂斯河畔的斯托克顿铸造时在任的另一位新工程总长官。

本杰明·霍尔，兰诺威第一男爵（first Baron Llanover），有说法称大钟以他的名字命名。乔治·佐贝尔（George Zobel, 1851—1881）根据弗雷德里克·耶茨·赫尔斯通（Frederick Yeates Hurlstone）的作品绘制

这座钟重16吨，口径为9英尺5英寸。对于公路或铁路运输来说，它实在太大太沉，因此只能通过水路运往伦敦。到伦敦后，人们把它放在一架马车上，由16匹马拉着它穿街而过，街道两旁挤满了欢呼的民众。尽管此时距离威斯敏斯特宫被焚毁已经有20多年了，但钟塔仍未完工，人们只能将钟架设在钟塔的底部，用重达半吨的钟锤进行测试，这把钟锤需要6个青壮年的力量才能挥动。到1858年，钟塔接近完工，但在某天早上，钟上出现了一条巨大的裂缝。

《伦敦新闻画报》报道称，“可怜的大本钟只能在最初存放的钟塔脚下被拆成碎片，而它的崇拜者们曾期待着它能在未来的几个世纪里响起美妙的钟声”[6]。拆解这只大本钟花了一个星期的时

为钟塔铸造铜钟，1856年。位于英格兰蒂斯河畔斯托克顿的华纳父子（Warner & Sons）巴氏炉厂的放液炉。图片出自《伦敦新闻画报》1856年8月23日

尽管距离威斯敏斯特宫被焚毁已经有20多年了，但钟塔仍未完工，人们只能将铜钟架设在钟塔的底部，用一把钟锤来测试它的音质，这把钟锤足有半吨重

间。然后，它再次回到了设计图上，或者说，回到了铸造厂。此次肩负大本钟铸造任务的是白教堂铸钟厂。

对于维多利亚时代的一些迷信者而言，他们可能会把这说成是大本钟的“诅咒”。1852年，它让普金陷入精神错乱，然后死亡。一年后，爱德华·登特也去世了，把这项工作留给了他的继子弗雷德里克（Frederick）去完成。而现在，这座铜钟自身也崩裂了。

人们又进行了一次尝试。1858年10月，一座重量稍轻的钟铸造完成，整个铸造过程持续了30个小时。它被拖上钟塔，加入了负责报刻的4个小钟的四重奏之中。即便如此，直到1859年5月31日，这座钟才开始运行，而且并未发出响亮的钟声，只是静默运行。在钟塔的4个钟面上，只有2个钟面的指针是活动的（最初的铸铁指针太重了，需要替换为较轻的铜针）。最终，在

钟锤和钟身终于在议会大楼楼顶安装完毕

7月11日，大本钟敲响了它那著名的报时钟声，到了9月，报刻的4个小钟也加入了这个行列，人们终于听清了帝国的声音。可就在10月1日这天，大本钟又发生故障，变成了哑巴。大本钟的诅咒仍然在发挥着魔力。1860年，更糟糕的事发生了：弗雷德里克·登特和查尔斯·巴里爵士都去世了。

这次的解决办法来自一位经验丰富的天才人物：乔治·艾里，他建议将铜钟旋转90度，然后把钟锤做得轻一些。1862年，大本钟再次敲响，此后直至本书的写作之时，它见证了40位首相、6位君主和两次世界大战，这一装置仍在照常运行。如果近距离观察钟锤，你会发现它的末端已经变钝变圆了，在150多年的漫长岁月里，它已逐渐磨损，也算是铜钟对它的一种报复吧。

参观大本钟是一种颇为震撼的体验。从钟塔上眺望的景象十分壮观；即使在伦敦阴霾的日子里，四通八达的伦敦城在你脚下铺陈开来，那种感觉是最令人难忘的。不过，在钟房里从铜钟的下方观望，那种感觉可能更加震撼，因为这台由登特建造、经过丹尼森完善的机械至今仍在运转着。它的平板结构是由铸铁、钢和黄铜制成的，长度将近5米。如此巨大的尺寸，看起来反而不像一座钟，更像是一台牵引机车。上面共有3个轮系：走时轮系，用来驱动指针；敲钟轮系，用来敲击大本钟；鸣钟轮系，用来敲击报刻小钟。

不过，尽管它体型庞大，但仍不失为一台极为精密的机械。在钟摆的顶部有一个小托盘，通过往托盘里添加或移除英国旧制的1便士，就能够对钟摆的重心进行微调，从而使钟在24小时内放慢或加快2/5秒。在整点的时候，敲击铜钟的声音十分震撼，

威斯敏斯特大钟庞大而精准的机械装置

超乎你的想象。实际上，当你坐在钟房里时，最壮观的当属飞扇（fly fans）发出的巨大鸣隆声了，这是一种巨大的室内风向标，用来调节敲击铜钟的速度。1976年，鸣钟轮系的飞扇失灵了，重达一吨的零件轰然坠地，使人们误以为有恐怖分子引爆了炸弹。说实话，当时的钟房看起来确实像一个爆炸现场，因为房间里和屋顶上到处都是叮当作响的零件。经过修理，大本钟再次鸣响，而且刚好赶上了1977年5月4日英国女王伊丽莎白二世登基25周年的到访活动。相应的修理水平可见一斑。

多年来，人们对威斯敏斯特宫大钟做了一些小的改动。例如，在每块乳白色的玻璃罩后面都有一组电灯泡，而在20世纪初期以前，这些照明设备还是靠煤气点亮的。不过，总体上说，假如艾里、丹尼森、登特和普金能够在今天参观大本钟的话，他们还是会发现许多熟悉的物品。

威斯敏斯特大钟华丽的哥特复兴式风格

而且，尽管这是一个巨大的、持续了数十年的挑战，但他们有理由感到庆幸。因为他们不仅实现了，而且远远超出了最初的那个建造设想："一座高贵的钟，真正的钟表之王，有史以来最大的钟表。"国王终有逊位日，纪录总在被刷新，不过，那些早已作古的维多利亚时代之人所创造的堪称是一个国家的象征，一座具有重要历史意义的纪念碑，它在英国人心目中的地位不亚于自由女神像在美国人心中的地位。

此外，它也成为维多利亚时代本身的一种持久象征。尽管钟塔的外观是用普金最钟爱的哥特式风格装饰的，但在它的内部，则是采用了当时最具创意、最持久和最先进的技术制作的一座钟，它毫无疑问地成为世界最著名的钟。

误了火车，改变时间

子午线时间

1876年夏天，来自加拿大的桑福德·弗莱明（Sandford Fleming）正在伦敦德里（位于当时的爱尔兰北部，现北爱尔兰地区）访问。由于有两天空闲时间，他决定去欣赏一下当地的乡村风光。在与“常居爱尔兰并且经常旅行的人”一同查阅了“爱尔兰官方旅行指南”后，弗莱明规划了行程，使他能够早上从伦敦德里出发，并于第二天晚上返回。弗莱明是一位铁路工程师、测量师和制图师，所以可想而知，他这次两日游的时间安排得十分妥帖。他在第二天下午5点10分到达班多伦车站，时间足够赶上旅行指南中注明的“将于下午5点35分发车”的火车，通过这趟车，他可以换乘主干线上的特快专列，从而“在当天晚上10点钟返回伦敦德里”。[1]

弗莱明是个有条理的人，因此在班多伦车站的遭遇一定使他深感诧异。他发现，对于班多伦车站的这趟车，他既可以说是迟到了11小时35分钟，也可以说是早到了12小时25分钟。那份旅行指南印错了：“下午”（p.m.）应当为“上午”（a.m.）才对。“毫无办法，我只能在班多伦待到第二天”，弗莱明写道，他要去乘坐次日早晨5点35分的车，而这趟车“无法像原计划的那个下午的车次一样，能赶上一班主干线上的特快专列”[2]。因此，他最终抵达伦敦德里车站的时间不是第2天晚上的10点，而是第3天下午的1点30分。

此类情况造成的不便，即使是维多利亚时代最杰出的人物，暗自咒骂两句也情有可原。为了排解这种烦恼，有的人可能会选择喝上一两杯爱尔兰威士忌；有的人可能会要求车站站长拿来纸笔，向旅行指南的出版方写一封言辞激烈的信。但桑福德·弗莱明不是一个喜欢折中的人，他认为世人有必要改一改表述时间的方式，仅此而已。

他把自己的想法详细地写成了一本小册子。其中，他主张把一天“平均分成24份，然后再按照假设居于地球中心的标准计时器或天文钟划分出分和秒”。假如存在这样一个假想的时钟，并且人们按照24时制标记时间，弗莱明就不用苦等那么长时间了。

他写道：“有人建议，相对于整个地球而言，中央天文钟的表盘应当是一个固定装置。”

> 把一天划分为24份，每个部分应当假设与某些已知经度的经线相对应，并且该装置的机械设计应进行改造和调整，使它的指针或者说时针能够在相应经度的正午时刻依次指向这24个分区。实际上，时针自东向西转动，其速度与地球自转的速度完全相同，因此指针将持续不断地直接指向太阳，与此同时，地球在自西向东转动。[3]

很少有人能在等待火车的过程中给出如此仔细论证的结果。他写的这篇论文篇幅很长，足有37页，里面包含了各种图表、表

桑福德·弗莱明（1827—1915），他错过了火车，但改变了世人表述时间的方式。图片出自为15卷本的《美洲大观：美国图志（1925—1929）》（*The Pageant of America: A Pictorial History of the United States [1925-1929]*）拍摄的影像集

格和统计数据。它更像是一则宣言，呼吁人们采用所谓“地球时”（Terrestrial time）。文章彻底展现了他作为工程师的特质，他似乎把所有问题都想到了：如何使现有的钟表适应他的24时制方案，应该选择哪条子午线标志通用的“地球日”的起点，等等。他认为，在铁路旅行方便快捷、电报通信转瞬即达的现代社会，传统的12时制计时法已经过时了，甚至可以说太原始了。

他的结论是富有洞察力的：

> 毫无疑问，我们已经进入了人类历史上的一个了不起的时期。各种发明和发现层出不穷，电报线路和蒸汽交通四通八达，所有国家仿佛被拉进了同一个社区——但是，当不同种族、不同地区的人们面对面交流时，他们会发现什么？他们会发现还有很多国家的人是用两套时间分割的方式来衡量一天的，仿佛他们刚从野蛮时代而来，还不会数12以上的数字。他们会发现，人们使用着各种各样的钟表，钟表指针所指的方向各不相同。他们还会发现，在同一时刻，有些人会认为他们生活在不同的时间甚至不同的日期里。那么，我们难道不应该设法改变这种状况，去设计一套简单通用的系统，供所有的国家在需要时使用吗？[4]

他的这番话充满了理想主义。“我的职责只是试着引起人们对这一问题的关注，并提供一些可资参考的建议。我觉得，所有国家都在不同程度上受到这个问题的困扰，如果我能为人们开启这样的讨论贡献一份力量，最终产生一个成熟而全面的解决方案，能够适用于所有地区，造福于全人类，那么我也就心满意足了。”[5]

在19世纪，面对巨大的科技进步，既有的时间测量方法已经不再能适应新的需求，弗莱明并不是第一个受到影响的人。除了经常将“上午”和“下午”混淆，还有一个难题就是对不断变化的正午时间进行跟踪。不同地区的日中时间并不相同，在19世纪早期，世界上有多少大城市，就有多少个“时区”。日内瓦的百达翡丽博物馆里有一个“世界时间糖果盒”（world time Bonbonnière），是一块日内瓦制造的表，放在一个圆盒子里，盒子上刻着至少53个地点。相对来说更加优雅的是一块1804年在巴黎制造的“民用时间”（Civil Hours）怀表，居中显示的是巴黎时间，沿着表盘的边缘排布着12个附属表盘，显示着其他12个城市的时间。

在大西洋彼岸，由于美国在内战结束后经济和工业经历了爆发式的蓬勃发展，美国国内从东海岸至西海岸大大小小的城市如雨后春笋般发展起来，情况也变得更加严峻。不过，1870年，在纽约州北部的时尚圣地萨拉托加矿泉城（Saratoga Springs）的一所女子中学里，一种解决方案被提了出来。

该中学的校长查尔斯·多德（Charles Dowd）教授也是一位精益求精的列车时刻手册的作者，他对铁路部门的计时方式失去了耐心。他面临的任务十分棘手。每个铁路公司都有自己的运营时刻，通常基于公司总部所在城镇的时间，随着时间的推移，这一情况每年都变得更加复杂。50多年的时间里，美国的铁路长度从19世纪30年代初的23英里增至19世纪80年代初的超过9.3

万英里。[6]北美洲可能已被同一种语言统一，但它又被几十个时区拆得七零八落。出于显而易见的原因，包括制定列车时刻表和避免撞车事故，铁路上的精准计时就显得尤为重要——以至铁路用的怀表上都配有锁具，以确保只有持有钥匙的人才能修改它的时间。

多德努力地开始了他的工作。

> 我首先标出了华盛顿市的国家子午线，接着把全国划分成3个宽为15度经度的条形区间，然后沿着500多条铁路线路逐一标出将近8000个火车站所在的经度。接着就是雕刻地图，标出各个时区以及各个车站建议的标准时间与实际时间的对比。我将这幅地图与一本100页的8开小册子一起出版，并将其寄给了国内所有的铁路职工以及其他可能对这项工作感兴趣的人。[7]

传统计时方式的缺陷并不仅仅是随着铁路旅行的发展凸显出来的，科

“我首先标出了华盛顿市的国家子午线，接着把全国划分成3个宽为15度经度的条形区间，然后沿着500多条铁路线路逐一标出将近8000个火车站所在的经度”：查尔斯·费迪南德·多德着手处理美国铁路时刻同步化的艰巨任务（美国木版画，1883年）

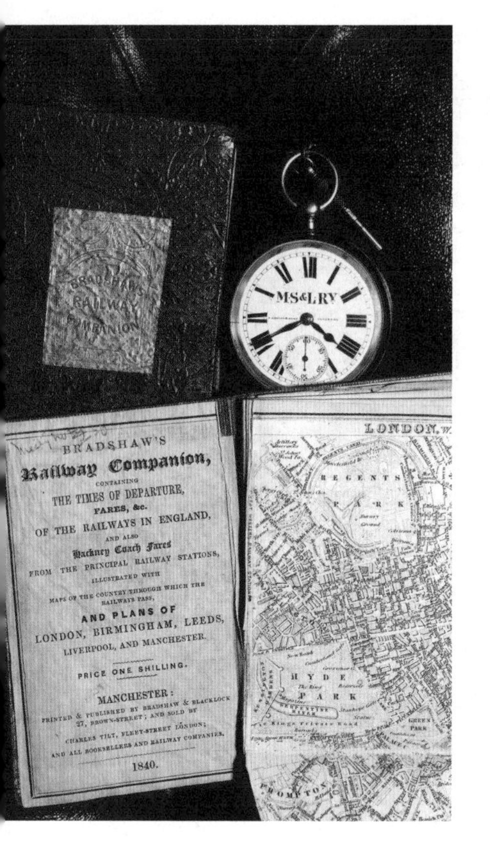

对于铁路列车长来说，一只精准的怀表是不可或缺的装备之一。这只怀表是由考文垂·J. 阿德金斯父子公司（J. Adkins & Sons of Coventry）的桑斯为曼彻斯特、谢菲尔德和林肯郡铁路沿线的列车长制作的，制作时间在1870年左右

学发展也受到了它的制约。因为对于需要进行大规模观测的现象来说，如果不同地区的观测者采用了不同的时间进行记录，那么便无法对该现象进行合理分析。

当多德正不遗余力地向美国镀金时代（Gilded Age）[①] 初期的铁路巨头们请愿的同时，世界的另一端也在进行着计时规范化的运动。1870年2月，普尔科沃（Pulkovo）天文台台长奥托·冯·斯特鲁维（Otto von Struve）在俄罗斯帝国地理学会上就本初子午线的选取问题发言。选定一条全球公认的经线，据以推算出其他所有的经度，对于标准时间的确立至关重要。

候选方案有3个：巴黎子午线、斐洛子午线（与托勒密在2

①指自南北战争结束（19世纪后期）至20世纪初之间，美国的经济、社会得到迅速发展的时期。该名称取自马克·吐温与查尔斯·华纳合著的小说《镀金时代》（*The Gilded Age*）。

铁路网的快速扩张促进了世界时区的标准化。图中是两名铁路工人的钟表，左侧是曼彻斯特、谢菲尔德和林肯郡铁路沿线使用的怀表，由考文垂・J. 阿德金斯父子公司于大约1900年制作；右侧是伯明翰与德比郡铁路交会处列车长的时钟，由伦敦的乔治・利特沃特（George Littwort）于大约1840年制作。大英铁路博物馆照片，拍摄于1977年

世纪使用的子午线基本相同）和格林尼治子午线。显然，该问题涉及一定的国家利益因素，更何况英法两国历史上素来喜欢明争暗斗。但对于斯特鲁维来说，这是一个纯粹的科学问题，正如他对俄罗斯帝国地理学会的成员们所说的："子午线的统一问题不以任何政治经济考虑为基础，它完全是属于科学界的问题。"[8]相应地，他的选择是格林尼治子午线，理由是这条子午线被广泛用于航海地图和科学图表当中。

人们对本初子午线的需求反映了世界在计时精度上发生的变化，同时也意味着大探索时代的终结。自哥伦布时期以来，欧洲列强在世界各地抢占领地。而到19世纪末，正如桑福德·弗莱明所说，"所有国家仿佛被拉进了同一个社区"。各国之间的相互联系和相互依赖程度前所未有，地球村的时代呼之欲出。

斯特鲁维是一个受人尊敬的科学家，如果按照维多利亚时代人们的眼光去看待面部胡须的浓密程度与个人声望之间的关系，那么他那华丽下垂的皮卡迪利式长胡须自然能吸引人们的目光。他的话很有分量，该问题在1871年于安特卫普召开的第一届国际地理学大会上被提了出来。（当时，地理学才刚刚作为一门独立研究和专业学科兴起，这也表明人类社会正在从探索发现转向思考领会。）大家一致认为，应当在该问题上有所行动，但最后还是无果而终。

1875年在巴黎召开的第二届国际地理学大会上，人们就这一问题再次进行了讨论，会议的主办国（法国）竭力支持将巴黎子午线选定为本初子午线的主张。然而，除了一些耐人寻味的建议，例如将耶路撒冷所在地定为本初子午线，理由是它具有中立性（尽管那里连一座天文台都没有），这场争论几乎没有取得实质性的进展。

在第二年的布鲁塞尔大会上，代表们的注意力主要集中在欧洲列强对非洲的瓜分上；而在1878年和1879年的大会上，虽然依旧在对这个问题进行争论，但仍然没有作出决定。总之，前后讨论了将近10年，问题仍然悬而未决。

对于桑福德·弗莱明来说，这个问题的进展还不够快。实际上，他们相当于在原地踏步。因此，在1879年，他发表了另一本小册子，名为《时间计量与万国通用本初子午线之选取》（*Time-Reckoning and the Selection of a Prime Meridian to be Common to All Nations*）。1880年，他从铁路系统退休，全心投入到计时问题的探索上。第二年，他前往威尼斯，在新一届的国际地理学大会上发表相关论文。最关键的是，弗莱明清楚，如果没有一套明确的解决方案和目标，1881年的威尼斯大会将与1871年的安特卫普大会和1875年的巴黎大会没什么区别。

子午线历史学家查尔斯·W. J. 威瑟斯（Charles W. J. Withers）写道："弗莱明比其他出席1881年威尼斯大会的代表更清楚，科学家们的观点其实没有太大的分量，除非他们会后向各自的政府提出正式的立法申请。出席威尼斯大会的各位科学家们认为，这次大会很重要。奥托·斯特鲁维甚至预见到了它的重大意义。"[9]

弗莱明曾给斯特鲁维写信，借以传播自己的小册子。他也与克利夫兰·阿贝（Cleveland Abbe）建立了联络，阿贝曾于1879年发表了"论标准时间"（"On Standard Time"）的报告。不过，阿贝关于标准时间的兴趣并非源于某个爱尔兰小站的火车误点经历，而是他作为美国气象局局长的职责。为了不辜负他“老准头儿”的绰号，他需要为连续的（气象）读数寻找一个精确的计时系统，因此他发誓要“在国会上不懈努力，呼吁国家就该问题采取行动”[10]。阿贝还给桑福德写信，表达他希望有朝一日加拿大或美国政府能够主持一项国际公约。

这种“不懈努力”起作用了。1882年，美国通过了一项法案，授予总统权力召开大会，来“关注并推荐一条普遍采纳的本初子午线，用于全世界范围内计算经度和管理时间”。这项法案的生效为1884年国际子午线大会的召开铺平了道路，这次大会将格林尼治标准时间（GMT）确立为全球标准。

世界时起点地标：穿越伦敦格林尼治的0度经线——本初子午线

1882年至1884年间，相关事件迅速发展。1883年在罗马召开的国际大地测量大会（International Geodetic Conference）呼吁各国政府选择格林尼治子午线作为计算时间的参考经线，仅仅几周后，奇迹发生了：11月18日中午，北美洲实现了钟表同步。由于担心不受欢迎的政府干预和举措会损害其利益，多年来对此漠不关心的北美洲各大铁路公司也解决了时间协调的问题。如此一来，在一个被称为“时区”的体系的规制下，每天中午在美国境内自东向西此起彼伏的混乱报时声终于归于平静，正如《纽约时报》在改制前夕向读者们解读的：

> 变更时间标准所产生的一个效果就是，横贯全国的为期3小时15分钟的持续鸣钟现象将不复存在。如果国内所有的钟表都按要求设置正确，明天它们将同时敲响。不过，当本市以及东部时区的钟表鸣报中午12点的时候，新不伦瑞克、新斯科舍和纽芬兰地区的钟表所鸣报的则是下午1点；中部时区的芝加哥、圣路易斯、新奥尔良和其他城市的钟表鸣报的是上午11点；在丹佛和山地时区的钟表鸣报的是上午10点；旧金山和太平洋沿岸地区的钟表鸣报的是上午9点。[11]

该报还就这次变更对一位乘火车从波士顿前往旧金山的旅客产生的影响作了介绍：

> 他将发现，他不再需要通过售票员、时钟和列车时刻表的帮助，去确认波士顿时间和昨天他曾遇到的20个不同的时间的差异；他的表的分针走时始终都是正确的，时间差异只反映在时针上。当他乘车向西移动时，他的表将依次快1个小时和2个小时，而当他抵达旧金山时，他的表将（比当

地时间）快3个小时。在任何情况下，他的表都不会出现15分钟、30分钟或其他非整个小时的差异。[12]

如果斯特鲁维读了当天的《纽约时报》，他会高兴地发现，美国东海岸的钟表“所鸣报的正午时间其实是英国格林尼治以西75度经线所在地的实际时间；之所以将格林尼治选为计算的标准，是因为世界航海时间以该地为计算基准”[13]。

第二年，在华盛顿召开的国际子午线大会将这个新的全球时间状态正规化。有意思的是，在这个过程中还是出现了一些插曲。法国坚持使用自己的时间规则，直到1898年，它采用了一套复杂的时间换算方法：将巴黎标准时间调慢9分21秒。这样做虽然麻烦，但至少避免了在法国的计时规则当中提及“背信弃义的阿尔比恩”(perfidious Albion)①的任何字眼。另外，直到1918年3月19日，随着《标准时间法》(Standard Time Act)的生效，已确定的“时区”(也就是现在所采用的时区)才成为美国联邦法律的一部分。

值得庆幸的是，弗莱明并没有随着这次国际子午线大会达成的决议而停止撰写其关于时间问题的小册子。1886年，他发表了《20世纪的计时问题》(*Time-Reckoning for the Twentieth Century*)一文，在文章中他对自己的“老对头”——12时制进行了疾风骤雨般的批判。

①法国人对英格兰的蔑称。

将1天分成2个半天，每个半天包含12个小时，而且都是从1数到12，这种记法是滋生各种错误和困扰的温床。

那些查询过铁路指南和轮船时刻表的旅客们，对于由此产生的困扰一定不会陌生；没有人比他们更清楚“上午”和“下午”的这种划分给他们的查询过程造成了多大困惑，以及这种任意的划分导致了多少错误。如果有必要的话，我可以列举无数个案例。[14]

弗莱明的那次爱尔兰长途旅行可能已经过去10个年头，但时间的流逝似乎并未治愈班多伦车站的苦等所带来的心灵创伤。

至于多德，他的创伤更多是身体上的，因为他在1904年遭到一列火车撞击而死，未能亲眼看到他的计划成为法律。

乘时而飞

卡地亚的山度士腕表

1901年10月19日下午2点45分左右，巴黎市中心的人们纷纷抬头仰望天空，期待着目睹一个雪茄状的物体。在“美好年代”的巴黎上空，飞艇已经成为熟悉的风景。那个秋日的下午，一个身材矮小、身形偏瘦、衣着考究的男子冒险悬挂在气球下方。他被人们亲切地称为“小山度士”（Petit Santos），可以说是巴黎名气最大的“飞艇驾驶员”。

巴黎人兴奋地看着这艘黄色飞艇，它由一个巨大的螺旋式白色帆布推进器提供动力，不仅外观高贵，而且移动速度也相当快。它从位于圣克卢（St Cloud）的法国航空俱乐部（Aéro-Club de France）出发，飞往埃菲尔铁塔，环绕铁塔一周后再打道回府。这样做是为了角逐多伊奇奖（Deutsch prize），该奖项规定，第一个在30分钟内完成这条飞行线路的人将获得10万法郎奖金。当飞艇飞过人群上空时，人们欢呼雀跃，男士们用手杖将帽子高高举起以示赞赏。

尽管飞艇在回程期间遭遇了逆风和临时的引擎故障，但这位驾驶员还是在出发后的29分15秒飞回了法国航空俱乐部上空。他从机场上空掠过，又过了1分25秒，现场工作人员才抓住飞艇的导索并拴牢。

阿尔伯特·山度士–杜蒙（Alberto Santos-Dumont, 1873—1932），巴西籍飞行先驱。图中是1901年他驾驶着自己的6号飞艇（No.6），在成功完成对多伊奇奖的冲击后，于一片争议声中缓缓下降（《科学美国人》插图，1901年11月）

不过，驾驶员本人在此过程中并不知道具体的时间。当时他正身处数百英尺高的巴黎上空，双腿骑着一辆挂在气球下方的三轮汽车，双手握紧方向舵，一边与逆风搏斗，一边甚至不得不重启一次引擎，在这种情形下，他根本顾不上从马甲里摸出怀表瞅一眼时间。

“我赢得这个奖了吗？”快着陆时他朝人群大喊。

“是的！”欢腾的人群回应道。

然而，裁判之一的德迪翁伯爵（Count de Dion）一直在密切关注着自己的怀表，他抬起头说道："朋友，你没有获奖，超了40秒。"[1]根据新修改的规则，飞艇应当在30分钟内返回并着陆。

当然，这位驾驶员对此抱有不同的看法："这艘飞艇在高速惯性的带动下冲过了终点，就像赛马跑过了终点，就像帆船越过了标线，就像赛车从瞬间掐表的裁判身旁疾驰而过一样。我就像赛马的骑师一样，在越过终点后才开始掉转方向，把飞艇开到机场上空，好让地面人员抓住我的导索，把我拉下来。"[2]

同样，现场的观众也对裁判的判定议论纷纷。在他们看来，这位驾驶员已经赢了，特别是现场的女士们，她们毫不犹豫地表达自己的热情："现场的一些女士向驾驶员抛送鲜花；有的向他献上花束；甚至还有一位仰慕者给他送了一只小白兔，逗笑了围观的人。"[3]现场观众纷纷对裁判的决定表示抗议，此事也因此轰动一时。

最终，经过几天的激烈讨论，他被授予了这个奖项，然而还没等他获胜的消息传播开来，他又收到了中止颁奖通知，理由是在他是否应当获奖的问题上仍然存疑。山度士颇为大度地表示，"我个人并不在乎这10万法郎，我打算把这笔奖金捐给穷人"[4]。

钱不是问题。阿尔伯特·山度士-杜蒙拥有足够多财富，因为他的家族在巴西有大片的咖啡豆种植园，他1873年在那里出生，童年的大部分时光都在胡乱摆弄加工咖啡豆的机器中度过。7岁时，他就能在农场里驾驶蒸汽牵引车；12岁时，他已经坐在火车头的驾驶室里，沿着种植园之间的轨道往来穿梭。在操纵重型机械之余，他还抽空制作"以绞缠的橡皮筋作为动力的"飞行

人们很早就认识到了山度士-杜蒙在动力飞行领域所取得的成就的商业价值，正如这张来自某位巧克力生产商的商业卡片上所展示的那样（商业卡片插图）

器，或是用丝纸制作小“热气球”[5]。

1891年，他去往巴黎，在那里买了一辆3.5马力的标致敞篷跑车。第二年，他又回到巴西，当时他迷上了新流行的“三轮汽车”，租了一个赛车场，在这里与其他早期驾驶员们同场竞技。不过，带轮子的车辆对他来说只是一种消遣，他真正的梦想是御风而行。他为飞行着迷，但令他失望的是，即使在孟戈菲兄弟（Montgolfier brothers）发明热气球100多年后的当时，仍然没有可驾驶的热气球。

1897年重返巴黎时，他第一次乘坐一个球形的气球升空，这种样式的气球曾在巴黎被围①期间名声大噪。他从此迷上了气球

①此处指的可能是1870年普法战争期间，巴黎被普鲁士人围困，法国人曾利用热气球将人和信件投送出去。

飞行。当时人们在谈论飞行技术时，气球还是一种比较新颖的概念。他盼望着能亲眼看到“人如蚂蚁、房如玩具”的场面。

他很快就委托他人制造了一个气球，按照他本人的设计方案，指定了更轻的材料和更小的尺寸。制造者们相信，这只气球是飞不起来的，不过事实证明他们错了（得益于山度士-杜蒙仅110磅的体重，以及一双特制的靴子，气球成功升到了5.5英尺的高度）。这只是他的创新性飞艇设计方案与已有的气球制造方法长期抗争的开端：1901年10月，绕行埃菲尔铁塔的飞艇已经被命名为“6号飞艇”了。

他的个头虽然不高，但总是勇敢无畏。1901年8月，他放飞了自己的5号飞艇，飞行路线也是从圣克卢出发，绕埃菲尔铁塔一周后返回，但这次冲击多伊奇奖的努力以失败告终。他在早晨6点30分出发，9分钟后抵达了埃菲尔铁塔，但此时他顾不上高兴，因为他发现气球正在漏气。事后他说：“我当时应该立即着陆，去检查一下气球的损伤情况。但我正在冲击一个代表着巨大荣誉的奖项，而当时气球的速度还不错，所以我决定冒险继续飞行。”[6]

冲击多伊奇奖，导致山度士命悬一线。图片出自《法国画报》（*Le Petit Journal*）

这个决定差点要了

他的命。

山度士-杜蒙的气球开始下降，随后朝着塞纳河方向急速下坠。他认为自己已经越过了特罗卡德罗（Le Trocadero）周边的建筑，不过“这只漏了一半的气球挥舞着那瘪了的一端，就像大象甩动着长鼻子”，拍着屋顶然后爆裂了。用钢琴丝制作的拉索挂在了房屋的一侧，杜蒙悬挂在了院子的高处，无助而恐惧，担心这些金属丝随时会崩断。最终，他被消防队救了下来。

他获救后的第一个想法就是还要再飞一次。

飞行就像一种毒药，似乎能够给他提供别人通过抽鸦片寻求的释放感。他曾经写道：“就像飘浮在空中，感觉不到重力，感觉不到周围的世界，一个脱离了肉身束缚的灵魂……让人几乎不愿意再回到地面了。”[7]他上瘾了，而且希望尽可能长时间地脱离大地。即使在居住的公寓里，他也是坐着高脚凳，在高高的餐桌上吃饭，管家也要踩着梯凳服务。

从鬼门关回来的第二天，山度士便开始仔细考虑6号飞艇的设计事宜，正是乘着这架飞艇，他在当年10月摘得了多伊奇奖。

山度士-杜蒙不只是一个追求刺激、将生死置之度外的工程鬼才，他也是美好时代上流社会的成员之一，名誉上与普鲁斯特精英沙龙的成员类似。20世纪初的巴黎是世界的娱乐之都：高级时装、卡巴莱夜总会、美食、音乐、汽车、艺术、性……最时髦、最精美的东西，在这个法国的首都应有尽有。总之，很难想象，除了这座城市，还有哪个地方与美国北卡罗来纳州的基蒂霍克镇（Kitty Hawk）相比更不相同。在基蒂霍克，一对来自俄亥俄州的制造自行车的兄弟——奥维尔·莱特（Orville Wright）和威尔伯·莱特（Wilbur Wright）——也在进行飞行试验，不过他们乘坐的不是气球，而是看起来像巨型风筝的东西。

作为最国际化的大都市，巴黎可以说是花花公子之城——除了时尚引领者博尼·德·卡斯特拉内（Boni de Castellane）和罗贝尔·德·孟德斯鸠（Robert de Montesquieu）（此二人分别为普鲁斯特的小说人物夏吕斯男爵［Charlus］和于斯曼［Huysmans］笔下的让·德泽森特［Jean des Esseintes］的原型），假如山度士－杜蒙不去当气球驾驶员，或许也将因考究的着装和广泛的社交而小有名气。在山度士看来，飞行与优雅生活毫不冲突。他留着中分的发型，头上抹着发油，脖子从高领中露出，光亮的纽扣靴为他的身高增加了宝贵的几厘米——他是一个完美的小号花花公子。实际上，随着他因飞行而出名，他那个性十足、摩擦着下巴的大

1903年，山度士–杜蒙在香榭丽舍大道登上了他的9号飞艇“漫步者”（La Baladeuse）

高领也风靡一时。

山度士－杜蒙行走于社会上流阶层，他是威尔士亲王的朋友，还受到过教皇的接见。在他1904年所写的自传《我的飞艇》（*My Airships*）中，有一种普鲁斯特式的幽默，其中提到的人名比他气球上的压舱物还多。他的第一次气球之旅降落在了费里耶尔城堡（Château de Ferrières），那是罗斯柴尔德家族的一所乡间别墅；还有一次，他的飞艇撞在了“M. 埃德蒙·德·罗斯柴尔德男爵（M. Edmond de Rothschild）的园林里”最高的那棵栗树上。[8] 所幸这次小事故的发生地靠近“伊莎贝尔公主——厄镇伯爵夫人（Comtesse d’Eu）的住所，她听说了我的遭遇，并知道我需要花些时间才能从飞艇中脱离，于是派人往我撞上的树上送了一份午餐，并邀请我去给她讲讲我的飞艇经历”[9]。而且，就在巴黎的寒冬使山度士不得不压缩他的气球飞行时长时，他“通过一条消息得知，摩纳哥王子，一位以个人研究而闻名的科学家，有意愿在海边建造一座气球屋”[10]。

他的这本自传可能是为数不多的在记录飞行器设计问题的同时还会包含如下语句的作品：“我立即用我的巴拿马草帽扑灭了火苗”[11]，这里讲的是一次空中起火。在描述自己的气球失去平衡、突然下坠的情形时，他是这样开头的：“当我正要喝完一小杯利口酒……”[12]

实际上，关于他首次气球之旅携带的补给品的记录，就已经为他的飞行生涯定下了基调：

我带了一份丰盛的午餐，有煮鸡蛋、烤牛肉和鸡肉、奶酪、冰淇淋、水果、蛋糕、香槟、咖啡和查特酒（Chartreuse）。没有什么比搭乘着圆形气球在云层之上享用午餐更棒了。没有哪个餐厅的装潢能够如此绝妙。阳光将云彩晒至沸腾，让它们喷吐出一道道彩虹般的凝结水汽，仿佛餐桌四周的一束束巨大烟花。[13]

飞行是一种美学与感官上的消遣，让人得以从无意义的生活中暂时脱离。而如果按照山度士－杜蒙的方式，机上服务会和在马克西姆餐厅吃饭一样好。

事实上，据说正是他在马克西姆餐厅用餐时的一番交谈，使手表发生了几百年来最为深刻的变化，乃至定义了当代人对于私人便携式钟表的认识。

他当时差点与多伊奇奖失之交臂，其中一部分原因就在于他在飞行中不知道具体的时间。当他在马克西姆餐厅庆祝获奖时，谈到了一边驾驶气球一边为旅程计时是何等困难。

所幸听到这番话的人正是路易·卡地亚（Louis Cartier），他是传承三代的珠宝商，以家族名字（卡地亚）命名的公司刚刚搬到法国著名的和平街。山度士－杜蒙是卡地亚公司的客户，他曾经为自己的一个情人订购了一块“细长的金表，四周点缀着一圈红宝石”[14]。卡地亚公司的档案显示，在1904年至1929年间，山度士经常光顾。旧账单上记录的购买内容包括钟表、女士珠宝、男士珠宝（如图章戒指）、帽针、领带夹、袖扣和桌面装饰品。不过，路易和山度士之间可不仅仅是买卖关系，他们活跃在类似的社交圈子里。

不朽的成就：山度士–杜蒙站在法国飞行俱乐部为他建造的纪念雕像旁

有种说法是，他们是在亨利·多伊奇·德·拉·默尔特（Henri Deutsch de la Meurthe）举办的招待会上结识的，山度士最终赢得的那个奖项正是以此人的名字命名的。在20世纪初，随着飞行热的兴起，卡地亚的名字也出现在法国飞行俱乐部每月举办的宴会名单中，[15]上面可见一些飞行先驱的名字，包括路易·布莱里奥（Louis Blériot）、多伊奇·德·拉·默尔特、利昂·勒瓦瓦瑟尔（Léon Levavasseur）、瓦赞兄弟（Voisin brothers），当然还有我们的山度士–杜蒙。

他们二人都是法国文化先锋，而当时的法国，正因迎来技术和艺术巨大进步而自豪——从飞行术到芭蕾舞，从放射现象到绘画艺术——既为后人留下了电影艺术，也留下了充气轮胎。在20世纪的头10年，路易·卡地亚正在尝试一些抽象的形状和设计，这也是后人所谓“装饰艺术”（Art Deco）。山度士–杜蒙也是一个超越了时代的人。实际上，从他对夜间飞越城市上空时所见情景的抒情描述中，我们仿佛可以看到一种未来主义画派的迹象：“前方远远望见一个光点。慢慢地，它变大了。然后，在一片辉

永远优雅：山度士-杜蒙无论在地面还是在云端，都保持着完美的着装标准（山度士-杜蒙在他的飞艇上，图片出自《现代杂志》[*Revista Moderna*]第30期，1899年4月）

煌的灯火中，我们看到了数不清的亮光。它们排列成行，周围随处可见更明亮的光团。我们知道，那是一座城市。”[16]

要解决山度士－杜蒙的计时难题，方法也相当大胆和前卫：卡地亚将怀表从表袋转移到了人手臂的末端。

他为他的朋友制作了一只直边、四角有弯曲线的小型手表，大小与一枚邮票类似，可以通过皮革表带系在手腕上，只需翻抬手腕便可查看时间。

20世纪以前便有了佩戴在手腕上的表，还有各种女士将表穿在手镯上的例子，据说英国女王伊丽莎白一世就有一款。1810年6月，拿破仑的妹妹、那不勒斯王后卡洛琳·缪拉就曾向玛丽·安托瓦内特最钟爱的钟表制造商——宝玑下过一个订单，明确要求制作一款可以穿在手镯上的手表。1868年，百达翡丽为匈牙利科切维奇伯爵夫人（Countess Kocewicz）制作了该公司的第一款腕表，因为她希望佩戴一只可以固定在金手镯上的小手表。

在一些不得已的情况下，男人们也曾将表戴在手腕上：在

1898年的恩图曼战役（Battle of Omdurman）中，英国士兵曾将怀表佩戴在杯形的腕带上。不过，路易·卡地亚为他的朋友山度士－杜蒙制作的这款表是特别设计用来佩戴在男士手腕上的，而不是放在马甲的口袋里的。这是一项只能在当时的巴黎流行起来的发明，同时还得益于一系列机缘巧合：卡地亚的创新性设计天赋，因飞行活动的兴起而产生的全新需求，以及山度士作为时尚引领者的名望。

佩戴腕表一度被认为是一种阴柔的表现，这种观点一直持续到第一次世界大战之后。不过，对于潇洒的山度士－杜蒙来说，他的勇气毋庸置疑，他也并不觉得自己的男子汉气概会因手腕上的这块表而受损。实际上，他的手腕上之前就戴着珠宝。一位女性崇拜者曾送给他一枚圣本笃①纪念章，并建议他将这枚纪念章穿在表链上、放进名片盒里或是挂在脖子上。不过，他选择将其戴在更加显眼的地方，他写道："报纸上经常提到我的'手镯'，但上面这条细细的金链只是我专门用来佩戴这枚纪念章的，我非常珍视它。"[17]

卡地亚为制作这只腕表显然花了不少时间；人们普遍认为这块表完成于1904年。正如山度士的传记作者南希·温特斯（Nancy Winters）指明的，"这块表是作为礼物赠送的，所以它并未被记录在卡地亚公司的登记簿上，因而无法知道它的具体制作日期"。不过，她也认为，这块表完成于"1901年10月至1906年11月间的某个时间"[18]。卡地亚公司的档案显示，山度士2号腕表在

①圣本笃（St Benedict，480—547），意大利天主教教士、圣徒，本笃会的创建者。

卡地亚，这位天才的设计师和飞行爱好者，为他的朋友山度士-杜蒙创造出了革命性的腕表，后来这一系列的腕表以山度士的名字命名并出售（埃米尔·弗里昂［Émile Friant］绘制，1904年）

1908年被制作并售出。卡地亚后来还制作了各种各样的腕表，但这款山度士腕表是唯一一款以客户名字命名的男士腕表。

意料之中的是，巴黎各地的浪荡公子和时尚达人纷纷请卡地亚为他们制作腕表，据卡地亚表示，包括罗兰·加洛斯（Roland Garros）和埃德蒙·奥德马尔（Edmond Audemars）在内的一些飞行员也通过佩戴山度士腕表来表达对山度士本人的敬意。卡地亚"发明"的男士腕表，成为20世纪的一个代表性物品，也使得怀表在此后的二三十年里变成博物馆的展品。

如果这只腕表能够在1906年秋季交付使用，戴上新表的山度士一定更加精神焕发，因为此时他的兴趣已经从机动气球转移到固定翼飞行器上了，并且在同年因首次动力飞行超过100米而赢得了法国飞行俱乐部奖（Aéro-Club de France prize）。山度士成了世界名人。他的飞机完成了第一次公认的载人动力飞行，由

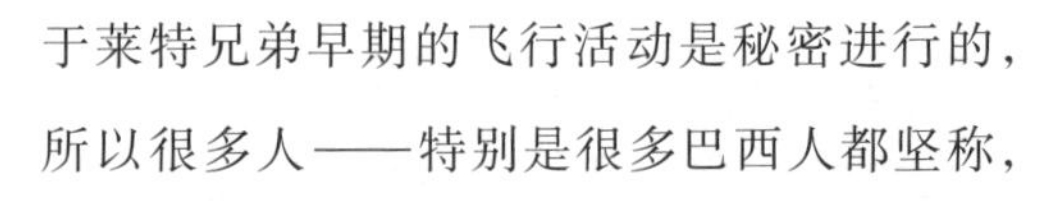

于莱特兄弟早期的飞行活动是秘密进行的，所以很多人——特别是很多巴西人都坚称，是山度士－杜蒙完成了世界首次飞机飞行。

多年来，随着人类飞得更快、更高和更远，作为一个赢得了真正的全球声誉的飞行先驱，山度士－杜蒙的名字逐渐从公众的印象里淡去了，他逐渐被一批新人取代，包括布雷里奥、林德伯格（Lindbergh）以及后来的尼尔·阿姆斯特朗（Neil Armstrong）。

南希·温特斯写道："从某种意义上讲，他究竟是否为第一个完成重于空气的飞行的人其实没有那么重要，因为多年来全世界的人都相信他完成了这件事，并被他的精神所激励，最终，直至千禧年结束，这种影响力都无人能及。"[19]

即使他不是第一个完成重于空气飞行的人，但毫无疑问，是他促成了世界上第一款专门定制的男士腕表的诞生。

最早的运动款手表

积家翻转系列腕表

在英国殖民统治印度时期，可能没有几个故事能够与一位瑞士的假牙制造商产生联系，但在1930年，一位名叫塞萨尔·德·特里（César de Trey）的商人在印度观看一场马球比赛时，无意中听到有选手抱怨说，他们腕表上的玻璃表镜经常在比赛中损坏。

特里凭借金牙和烤瓷假牙的制造而名利双收。据1935年《牙科新闻》（*Dental News*）上关于他的一篇讣告介绍，他是“过去30年里欧洲牙科贸易领域最杰出、最具个性的人物之一”[1]。

两次世界大战期间，特里不仅在假牙领域做得风生水起，他还是一个业余的钟表师。20世纪20年代末，他在瑞士的洛桑做起了钟表生意。他进入钟表业时，该行业正处于剧变期：个人钟表正在经历从怀表向腕表痛苦难忘的过渡。最初，佩戴“腕带”表被视为矫揉造作之举，不过，随着在战场的广泛使用，腕表逐渐赢得了支持者，到20世纪30年代初，腕表终结了怀表的主导地位。

然而，怀表的支持者认为，表是十分脆弱的物品，戴在手腕上太容易损坏了——特里在马球竞技场的见闻便是一个例证，马球运动员们觉得破碎的玻璃表镜会给这项剧烈的运动带来诸多不便。面对马球、球棍、马蹄以及竞技场里的其他激烈冲击，表镜太易碎了。表壳其他部分使用的金属则坚固得多，这些金属或许是一个不错的选择，可惜它不是透明的。因此，特里意识到了人们的需求：一款具有自我保护功能的手表。用1931年3月4日提交给法国贸易和工业部的第712868号专利申请中的说法，这款手表“能够在表框内滑动并完全翻转”[2]。

这款腕表是在巴黎的精密仪器制造商埃德蒙·耶格（Edmond Jaeger）和瑞士的钟表机芯制造商安东尼·勒考特（Antoine LeCoultre）的合作（积家［Jaeger-LeCoultre］）下完成的。积家雇用了设计师雷内–阿尔弗雷德·谢沃（René-Alfred Chauvot），由他负责贯彻这一理念（即翻转式腕表），积家则为此专门设计了一款方形表，与强调流畅线条和棱角分明的装饰艺术风格完美融合。这款腕表主要由两部分组成：一个是底盘或框架，上下两端

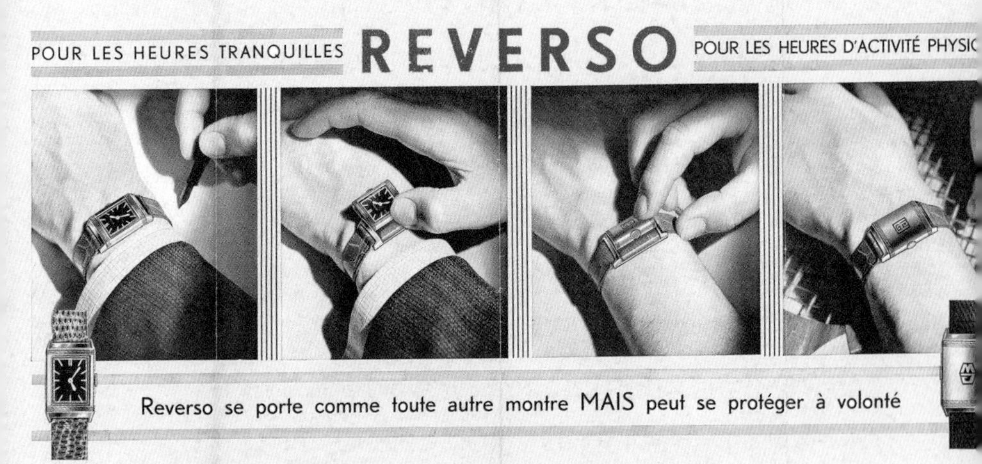

翻转系列：两次世界大战之间，在英国殖民统治时期的印度的马球竞技场上构思而成，如今见于世界各地（1931年积家翻转系列腕表的广告）

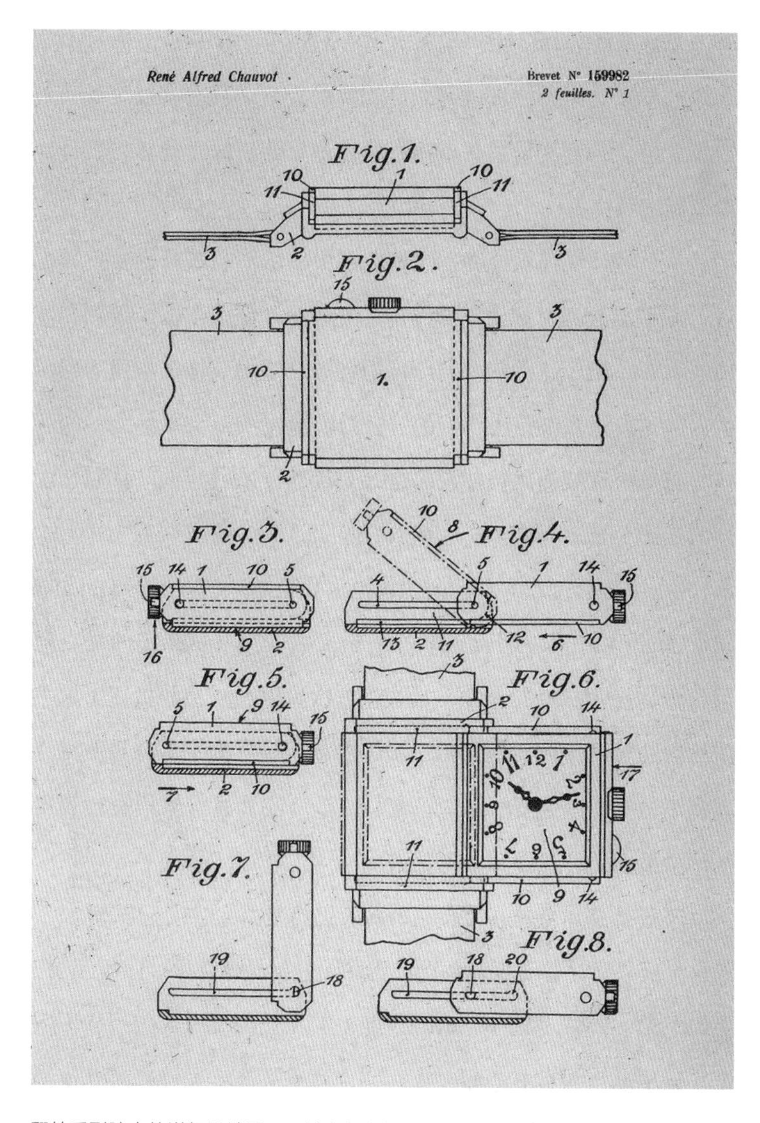

翻转系列腕表的详细设计图，不过在提交相关专利申请的时候，这种设计被简单定义为“能够在表框内滑动并完全翻转”

有逐渐变窄的表耳，用来束系表带；另一个则是表身，通过隐藏式枢轴与框架相连，枢轴可以沿着滑槽滑动，从而实现表身的翻转。此外，还在相应位置藏有一对带弹簧的滚珠，能够将表身稳稳地固定到位。

这种设计在美观度和实用性上都很出色，当表身翻转过去之后，除了能起到保护表镜的作用，它还呈现出一个适于雕刻和装饰的表面。由于这种腕表与印度的渊源，当时装饰最华丽的翻转系列腕表，很多都是由印度的王公们定制的。

相对来说装饰比较朴素的是2015年流入拍卖行的一款制作于1935年的钢质翻转腕表，它的表背上只是简单地雕刻了“D MAC A”几个字母。这款表曾经的主人是道格拉斯·麦克阿瑟（Douglas MacArthur）将军，叼着玉米芯烟斗，戴着飞行员墨镜的麦克阿瑟将军是家喻户晓的人物，他在第二次世界大战期间指挥了太平洋战区的对日作战，并赢得了最终胜利。这样的军事背景使得这款腕表的报价一路抬至8.7万瑞士法郎，使其成为从拍卖行售出的价格最高的一款翻转系列腕表。

不过从总体上看，翻转系列腕表仍然是爵士时代（Jazz Age）[①]的一个现象。尽管有麦克阿瑟的惠顾，它与马球选手、印度王公、纨绔子弟、追求品质生活者以及花花公子们的关联决定了它不适于军旅生涯，因此在战争结束后它也几乎被遗忘了。经过几年的流行，这款手表从时尚归于沉寂：在档案馆里蛰伏了半个世纪，直到它被发掘出来并再次投入生产，使身处电池驱动和石英机芯

①美国在第一次世界大战结束（1918）以后到经济大萧条（1929）之前的一段时间。

叼着烟斗的道格拉斯·麦克阿瑟将军，借着翻转式表壳的个性化设计也赶上了时髦

手表重围之下、濒临倒闭的积家公司绝处逢生。

积家的翻转系列腕表之所以在钟表史上享有盛名，并始终保有一席之地，就在于它让人们无论在从事何种活动时，都能够获得精准计时。可以说，翻转系列腕表是最早的运动款手表——它在功能设计上就是为了抵抗马球竞技场高强度对抗条件下的各种冲击，在马球竞技场上，球棍、马球、马蹄或者说一次坠马所带来的冲击，都可能使普通的手表支离破碎。

当然，假如特里是一个墨守成规之人，没有那么“杰出和具有个性”，他可能会直截了当地建议那些选手们在打马球时摘下手表。如果真是这样，世界将会错失这个极具个性的、对运动款腕表影响深远的设计方案。

世界最贵的表

百达翡丽亨利·格雷夫斯超级复杂功能怀表（Henry Graves Supercomplication）

每年的11月中旬是日内瓦的钟表拍卖季。在一周的时间里，日内瓦云集了来自世界各地的收藏家和交易商。大街小巷的酒吧和餐厅里，到处都能听到人们谈论钟表的声音。经验丰富的人眯起眼睛，透过钟表商的放大镜对每一处标记和编码进行登记。他们端详着每一块表盘、每一根指针和每一个微小的齿轮，寻找可供鉴定的线索，以供他们在拍卖场就座后考虑自己的出价。

这是一段忙碌的时间，潜在的买家们总是步履匆匆、络绎不绝。但2014年的一场拍卖会却特别吸引了人们的目光。

11月11日，苏富比拍卖行即将出售368件拍品，其中包括由百达翡丽、劳力士、卡地亚、江诗丹顿和宝玑等众多钟表知名品牌出品的怀表和腕表。这些拍品产自18世纪晚期至21世纪早期，时间跨度有近200年，包含三角形的共济会怀表和太阳能台钟等，有些拍品不设底价，有的估价4到6位数。总之，这次大型拍卖会所提供的丰富品目预示着将有操不同语言的竞买者争相报价：这将是一场百科全书式的钟表盛宴，能够满足各种预算和品位的需求。

在博里瓦奇酒店（Beau Rivage hotel）的一个宴会厅里，经过了上午和下午拍卖会的忙碌，下午6点，拍卖员再次回到拍卖桌前，开始傍晚场的拍卖。会场座无虚席，众人的期待之情溢于言表。除了收藏家们熟悉的面容，现场还有一些行业精英，以及大型钟表品牌的所有者和高管。

拍卖员以熟练的操作将拍品一一售出：一些卡地亚正装表，若干劳力士钢质运动表，还有第344号拍品——百达翡丽万年历月相三问表，以惊人的32.9万瑞士法郎售出。拍卖员停了下来，端起盛有矿泉水的杯子喝了一小口，润了润嘴唇并环视整个房间。他以缓慢而清晰的嗓音宣布了下一件拍品：

"第345号拍品。非同寻常的，非常、非常重要的亨利·格雷夫斯超级复杂功能怀表。"在戏剧性地停顿了片刻之后，他继续说道："我要以900万瑞士法郎的价格开始竞拍。"

人们对时间的感受是主观的。在2014年11月11日的晚上，日内瓦博里瓦奇酒店一个非公开的大房间里，站在苏富比拍卖行拍卖桌前的这位拍卖员，即将经历他人生中最漫长的12分钟。

这正是人们守候于此的原因：15年来，最重要的一款便携式个人怀表即将面市。自1999年12月2日以来，在古董钟表领域未曾出现过同等重要的拍卖。当时，这块怀表在拍卖会上拍出了1100万美元的惊人高价，如今它又重回市场。该表的估价依然是未知数，它当时已经是世界最昂贵的手表了。在11月的那个夜晚，人们集中关注的是它能否刷新之前的纪录。更戏剧化的是，2014年恰巧是这块怀表的制作公司百达翡丽成立175周年，而该公司的总裁泰瑞·斯登（Thierry Stern）当时便坐在拥挤的拍卖会会场中央。

这款被简称为“格雷夫斯怀表”的百达翡丽超级复杂功能怀表是手表界的“巨无霸”，不过，在百达翡丽公司那本陈旧的记录簿上，关于它的记录显得相当随意：第198385号。这块怀表的重量超过500克，包含900个零件，在这些零件的相互配合下，它实现了20多项复杂的钟表功能，包括一个移动的星图，反映的

表盘最底层的星象盘显示了曼哈顿区的星图，此外还显示有恒星时的小时和分钟、天文时差以及日出和日落时间

是纽约夜空的变化。

这块怀表最早的主人，同时也是该表的名祖，是华尔街一位成功金融家的儿子，他本应是20世纪初美国有闲阶层里普通的一员。小亨利·格雷夫斯（Henry Graves Jr）的衣着打扮与伊迪丝·华顿（Edith Wharton）笔下的纽约精英完全相符，就连他佩戴的那枚描绘了一只从王冠上方振翅高飞的雄鹰的家徽也是如此。此外，他还喜欢骑在马背上或穿着骑马服照相。他非常注重体面，时常穿着西装戴着领带，即便是在划独木舟。

与其他贵族阶层人士一样，他也自视为鉴赏家，喜欢收集绘画、金属版画、19世纪的镇纸和手表……而且对手表情有独钟。他的一生可能不会像玛丽·安托瓦内特那样跌宕起伏，但在钟表领域而言，这块使他名垂青史的怀表足以同100多年前宝玑为玛丽王后制作的那块怀表相媲美。而且，与失而复得的玛丽·安托瓦内特怀表不同——2014年11月，这只曾被盗走的怀表被送回了当初收藏它的耶路撒冷伊斯兰艺术博物馆——格雷夫斯怀表已经进入市场。

格雷夫斯怀表重535克，直径74毫米，高35毫米，大小恰盈一握，尽显雍容华贵。长度为23.25厘米的圆周上安置着各种滑轨和按钮，控制着各项独特功能。与常见的表盘和表背结构不同，它有前后两个表盘：一个显示标准时间的时、分、秒，一个显示恒星时的时、分、秒。此外，它还能显示日出和日落时间以及天文时差。

它的万年历可满足多年的日期变化，可以显示日期、星期和月份，以及月相和月龄，当然，还可以显示怀表主人在纽约故乡

标准时间表盘，显示了月相和日历功能、鸣钟和机芯的动力储备显示、追针计时[①]以及闹钟指针

的星空图景。它的追针计时功能（类似于码表）本身就是一款杰作，带有30分钟和12小时的计数器（用来计时）。

不过，这件杰作最与众不同的地方在于它的报时机制：威斯敏斯特钟声、大自鸣、小自鸣、三问报时，外加闹钟功能。它在鸣报小时、刻钟和分钟时发出的声音空灵而悠长，宛如在静谧的冬天从乡间教堂里传出的阵阵钟声……不过乡间教堂的大钟配置相对简单，无法鸣奏出威斯敏斯特大钟——也就是人们普遍错误称呼的“大本钟”——的旋律。除常规的计时功能外，还有4项技术性更强的功能：走时轮系、打点报时轮系、发条和调校，让整块怀表的复杂功能总数达到了24项。

①追针计时（split second chronograph），亦称“双秒追针计时”。包含此类功能的计时表拥有额外的追针秒针，重叠于计时秒针上方。按下计时按钮后，两根秒针同时运行。首次按下追针计时按钮时，追针秒针停止运动，计时秒针继续运行。再次按下追针计时按钮时，追针秒针会追上计时秒针，与其同步运行。

格雷夫斯怀表可不仅仅是令人印象深刻的小玩意儿，它还是20世纪初富豪必备的高级玩具。虽然它的尺寸要比一般的表大些，但若将其看作一个独立的文化时期的结晶，它还是相当紧凑的。马克·吐温将这个时期戏称为“镀金时代”，指的是美国自南北战争结束至20世纪30年代初的工业和经济大发展时期，美国发展成为世界强国。1870年至1900年间，美国的国民财富增长了4倍，80%左右的美国人年收入不足500美元，巨额财富集

标准时间表盘之下，日历机制和月相

恒星时表盘之下，星图和恒星时机制

标准时间表盘之下，在移除日历机制后的视图

恒星时表盘之下，在移除恒星时齿轮组后的视图，时间和计时机制

中在少数企业大亨手中，他们变得比欧洲王室还富有。当时的财富确实令人震惊，而对于那些富豪来说，拥有一块复杂的瑞士怀表就是衡量成功的基本法则之一。通常来说，人变得越富有，他对钟表的兴趣也就越浓厚。

瑞士顶级钟表制造商的业务也迅猛增长。19世纪80年代，随着赛马运动作为一种有追求的消遣方式而风靡，瑞士的计时码表制造出现了大幅增长。不论是在纽约州北部的萨拉托加矿泉城的赛马场，还是在肯塔基州的邱吉尔园（Churchill Downs）赛马场，研究赛马的人都会在马甲口袋里揣上一枚精准的瑞士计时码表，以随时为他选中的马在赛场上的表现计时。

外观精美、走时精准的第90455号百达翡丽三问计时表也是一个典型的例子。它可被视为装点在佩戴者商业成功皇冠上的一颗宝石。该表制作于19世纪90年代早期，拥有者是蒸馏酒商人贾斯珀·牛顿（Jasper Newton）。这位骄傲的酒业大亨在表盖上刻的甚至不是自己的名字，而是杰克·丹尼（Jack Daniels）——这正是让他获得财富的威士忌酒的名字。

一般来说，美国商业精英的年轻子嗣在即将成年时，都会收到一款复杂的瑞士手表作为礼物，这几乎已经成为一种仪式。1893年，小科尼利尔斯·范德比尔特（Cornelius Vanderbilt Jr）在21岁生日时收到一块雕刻精美的百达翡丽三问追针计时表，赠送者是他的父亲——爱讲脏话的船舶巨富科尼利尔斯·范德比尔特，人送绰号“船长”（Commodore）。

诸如此类的钟表偶尔也会作为特别优待，赠予那些作出了突出贡献的下属。1901年，钢铁巨头亨利·克雷·弗里克（Henry

Clay Frick）收到了一款漂亮的天文台表，它配有天文钟擒纵机构（detent escapement）和一分钟陀飞轮（one-minute tourbillon），上面刻有匹兹堡弗里克大楼（Frick Building）的形象。他将该表赠给了建筑师安德鲁·皮布尔斯（Andrew Peebles）。

J. P. 摩根无疑是美国镀金时代最著名的钟表迷之一。摩根花起钱来十分夸张；他收藏的物品包罗万象，而且由于想买的东西太多，又不想在购买时花费太多时间，他会一口气买下整个系列，大量收购那些代表着身份地位的珍宝。著名的马费尔斯文艺复兴系列（Marfels Collection of Renaissance）和珐琅手表（enamelled watches）便是以这种方式购入的。

至于当时日常佩戴的手表，摩根最喜欢英国制造商弗罗德舍姆（Frodsham）制作的复杂手表。在1911年至1912年间，他定制了3辆一模一样的劳斯莱斯，每辆车上都带有弗罗德舍姆表（和电子点烟器）。他在银行的新生意伙伴会收到一款带有敞开式陀飞轮（open-face tourbillon）的精美弗罗德舍姆三问追针计时表。在1897年至1926年间，共有25枚这样经过恰当雕刻的“摩根系列”手表被赠送给家族的密友和生意伙伴。（1913年摩根去世后，他的儿子延续了这个习惯。）如果摩根邀请这

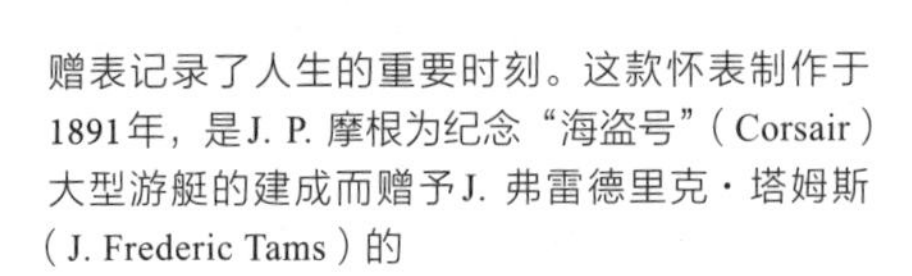

赠表记录了人生的重要时刻。这款怀表制作于1891年，是J. P. 摩根为纪念“海盗号”（Corsair）大型游艇的建成而赠予J. 弗雷德里克·塔姆斯（J. Frederic Tams）的

“商业大亨对决君权神授”。J. P. 摩根代表了19世纪末20世纪初美国的商业大亨，他们比欧洲的王室还要富有，对于他们来说，拥有一款复杂的瑞士怀表是成功的必要条件

些受赠者们出海，那么他们的手表还会享受到特别的待遇：摩根的第二艘“海盗号”游艇的客舱里安装了专门设计的壁橱，晚上客人们可以将手表存放在里面。

当然，当时的汽车业先驱，也就是当时的科技巨头，对复杂的机械物品有着天然的兴趣，不论是汽车还是手表。道奇兄弟（Dodge brothers）是古老的江诗丹顿的顾客，而在20世纪的头25年里，詹姆斯·沃德·帕卡德（James Ward Packard）[①]成为百达翡丽最忠诚和热情的客户之一。在此期间，帕卡德先后从百达翡丽订购了13款重要手表，其中包括一款非常别致的采用了船舶报时装置的手表，它每半个小时敲击一次，每4个小时结束时敲击8次，这也是手表首次做到这一点。另一款手表可以鸣奏《约瑟兰》（*Jocelyn*）中的一段旋律，这是帕卡德的母亲最喜爱的歌剧之一。不过，他在1927年4月收到的第198023号腕表，才是其中最出类拔萃的作品。这款手表配备了10项复杂功能，包括对帕卡德的故乡沃伦上空的星空图的显示，皇家蓝背景上用黄金点缀出500颗大大小小的星星。

鉴于帕卡德的这款手表与格雷夫斯怀表有诸多相似之处，长期以来，人们认为帕卡德与格雷夫斯在手表收藏上相互竞争，看谁能拥有世界上最复杂的手表。这种观点很有趣，可惜真实性并不高。两个人属于不同的社会阶层，住在不同的地区，而且很可能从未谋面。帕卡德的这块手表虽然十分精美，但我们可以大胆假设，他甘愿用这块手表去换一次欣赏真实夜空的机会。收到这

---

①20世纪初美国的豪华汽车品牌帕卡德的创始人。

亨利·格雷夫斯：如果不是这块以他的名字命名的百达翡丽怀表，银行家亨利·格雷夫斯的后代不会对他如此念念不忘

块手表时，他正躺在克利夫兰专科医院的病床上接受癌症治疗，疾病在不到一年时间里便夺走了他的生命，而此时距离格雷夫斯怀表的问世还要等上很多年。

但无论如何，如果没有帕卡德，人们或许也就不会看到后来的格雷夫斯怀表了。

对于百达翡丽来说，将格雷夫斯怀表从设计理念转化为现实是一项艰巨的任务，他们耗费5年时间，终于在1932年9月28日制作完成，并于次年以6万瑞士法郎（相当于今天的1.5万至1.6万美元）的价格将其交付给该表的名祖。这块表的制造误差微乎其微，这就要求有精确的数学计算（一些齿轮比被计算到了小数点后十位）。在计算机辅助设计技术出现前，它一直是人类制作的最复杂精密的手表。在此之前，人们从未尝试过在手表这般狭小的空间里，进行如此雄心勃勃的设计。为了制作这块手表，百达翡丽不得不从罗纳大街的古老总部之外抽调专业人才，动员的范围不只限于日内瓦，而是涵盖了整个瑞士。

该表的制造及其之后赢得的赞誉在很大程度上帮助百达翡丽确立了其作为世界第一钟表制造商的地位，但它也注定成为该类型的最后一块手表。1929年10月29日，随着美国股市的崩盘，这类手表也逐渐绝迹。在短短一周的时间里，整个股市蒸发300亿美元市值。世界金融市场仿佛一下子从平流层的高位跌入了大萧条的幽暗深渊——直至“二战”6年的恐怖岁月，这场大萧条才结束。曾经的自信和繁荣要几十年后才能再次回归，然而真到了那个时候，世界已是另一番模样。怀表不再是身份的象征，在原子时代，它成了博物馆的一件展品，讲述着一段早已消逝的岁月。曾经的技术奇迹，如今沦为单纯的传家之宝。

在安享了86年的富足生活后，格雷夫斯于1953年去世，他将这块怀表遗赠给他的女儿，他的女儿又将表传给了自己的儿子。1969年3月，在母亲去世6天后，格雷夫斯的外孙以20万美元的价格将怀表卖给了伊利诺伊州（Illinois）的一位古怪的企业家赛思·阿特伍德（Seth Atwood）。阿特伍德有志于创造世界最大的钟表收藏，而且他符合美国富翁在海外的典型作风，他前往欧洲的卖场收购最上乘的手表，出手阔绰。

据阿特伍德所知，格雷夫斯怀表是精品中的精品。第二年，阿特伍德在伊利诺伊州的罗克福德市（Rockford）开办了他的时间博物馆，格雷夫斯怀表也成为该馆的镇馆之宝。这块怀表一直被收藏在这座博物馆中，直到1999年3月该博物馆关闭，才被委托给苏富比拍卖行的达琳·施尼佩尔（Daryn Schnipper）进行销售。一听到博物馆关闭的消息，达琳便直奔美国的中西部，对该藏品进行估价，商谈出售事宜。

施尼佩尔与这块怀表的关联始于15年前，当时阿特伍德便请她为该表估价。如今，留着优雅的披肩短发的施尼佩尔已经成为手表拍卖领域的传奇人物之一，她的传奇始于1986年。当时，已在苏富比驻纽约的钟表部门供职5年的施尼佩尔被派往罗克福德为格雷夫斯怀表估价。30多年后，她依然清楚地记得自己在第一次接触这块怀表时的激动心情，因为它当时就已被视作圣物。

她将这次经历描述得如宗教般虔诚：“简直太令人惊叹了。它通身洋溢着富丽堂皇的光彩，我感到词穷，不知该怎么形容。这是一次足以改变人生的经历，因为仅仅触摸一下，你就知道它究竟是一件多么重要的藏品，制造得多么完美。我想不出足够贴切的词，它只是唤醒了你所有的感官。”[1]

格雷夫斯怀表拥有制造难忘记忆的魔力，它深深地印刻在那些见过和触摸过这块怀表的人的脑海中，更不用说亲手把它拍卖出去了。施尼佩尔回忆道：“这块格雷夫斯怀表竟然真的被提交至拍卖会进行销售，这简直令人难以置信。”[2]其他的拍卖行也被邀请参与投标：“所以我们的估价为300万至500万美元。在此之前还从来没有人在一块手表上开到这个价码，因此直到拍卖那天，我们都不知道结局究竟会如何。”[3]

“当叫到500万美元时，我们还有6名竞买人，直到这时我才真正松了一口气！”现场气氛无比紧张：“之后的应价继续走高，最后还剩两名竞买人，其中之一的百达翡丽出价低于对方。”[4]

格雷夫斯怀表拥有制造难忘回忆的魔力，它深深地印刻在那些见过和触摸过这块怀表的人的脑海中

15年后的2014年，这块怀表在众人好奇的目光之下再次回到市场。当时它的主人是谢赫·沙特·宾·默罕默德·阿勒萨尼（Sheikh Saud bin Mohammed Al-Thani），卡塔尔埃米尔（Emir）①的表弟，他长期为了广泛的藏品而大买特买，并由此赢得了“世界最大艺术品收藏家”的绰号。除艺术品外，他还喜欢收藏老爷车、古币和中国的古董。英国广播公司（BBC）的艺术编辑威尔·冈珀兹（Will Gompertz）曾在2014年11月指出，“在艺术品收购圈，谢赫·阿勒萨尼不是什么大人物，而是一个巨人”。“据传，当他抵达一座城市，当地的艺术品交易所和拍卖行会立即调集最得力的职员，在标价上添加一两个零，然后恭候他的光临。”[5]

到了20世纪末，世界上最豪奢的收藏家们不再是赛思·阿特伍德这样的人了。21世纪初，艺术和收藏品市场被世界各地的资金推向了新的高度，而作为这些资金来源地的俄罗斯、中国和中东地区，在20世纪60年代后期的艺术和收藏品市场上还不是那么活跃。自20世纪70年代初的石油危机爆发以来，大量资金被集中在中东地区的少数统治家族手中，而且同100多年前的美国富豪们一样，他们也想拥有一切最好的东西，其中就包括手表。虽然这些资金的规模空前，但也不是无穷无尽的，到2014年，阿勒萨尼在资金上遇到了困难。他需要变卖一部分资产来清偿债务，其中就包括这枚格雷夫斯怀表。

在被阿勒萨尼收购后的15年里，这块格雷夫斯怀表俨然成了一个摇滚明星，而施尼佩尔就成了它的经纪人。“我们带它进

① 卡塔尔国家元首的称谓。

行了巡回展出。我们去了中国、美国以及各种各样的地方，有些我都记不清了。它已经成为一种标志，在手表界有着巨大的象征意义。”

这块怀表的影响不断扩大，当它被送到日内瓦拍卖的时候，已经不仅仅是一件奇珍异宝；它已经跻身于文化意识的前沿。尽管在拍卖品目中的估价被刻意省略了，但有传言说，苏富比希望达到的最低价为1560万美元；如果达到这个价格，那么这块百达翡丽怀表将与现代绘画大师们的画作处于相同的价格水平。

“然而，就在拍卖日的前夜，它的主人突然离世，事情变得更加复杂。”[6]时年48岁，正值壮年的阿勒萨尼永远地挥别了自己在精美艺术品、古币和超复杂系列怀表领域的收藏生涯。

施尼佩尔故意压低声音，以反语说道：“那（死亡时间）可太是时候了，但我要说，苏富比的合同条款向来是天衣无缝的。”

因此，在下午6点30分，一场为期12分钟的竞价对决终于开始了。拍卖师的水平主要体现在最大限度地延长对竞拍者的资金实力与冲动欲望的试探，将竞拍推向一见分晓的边缘，从而诱使其他竞拍者按照50万瑞士法郎的增幅继续出价。他不止一次地将木槌举过头顶，以祭祀般庄严的语气说着“举锤提醒……现在举锤……最后一次机会……最后提醒”。随着最后一秒叫价的出现，价格继续攀升，这块怀表的归属仍然悬而未决。在场的所有人都倒抽了一口气，房间里响起阵阵掌声。当竞拍价格超过2000万瑞士法郎的时候，两位坚持的买家还在进行激烈的角逐，现场的气氛堪比温布尔登中央球场上举行的温网决赛的决胜局现场。当木槌最终实实在在地敲响时，整个会场爆发出热烈的掌声，中拍者最终支付了2323.7万瑞士法郎。

在本书撰写时，它仍是史上售价最高的怀表。

即刻起航

劳力士格林尼治型

假如你1954年7月15日在西雅图，那么下午3点后仰望天空时，或许会瞥见一个不同寻常的物体在空中划过：由淡黄色、棕褐色和乳白色涂成的波音367-80。这是一款新型飞机，它的后掠翼挂载着引擎，不需要螺旋桨。

这是某架原型机的首次试飞，后来就有了波音707这款改变世界的飞机。4年后，该机型开始在泛美世界航空公司——也就

飞行中的波音367-80原型机，在它投产后，这款飞机就有了人们熟知的编号“707”

是我们通常所称的泛美航空——投入使用。

早在20世纪50年代初，英国的哈维兰彗星型（喷气式）客机（de Havilland Comet）就开始了商业飞行，但在经历了一系列不明原因的坠机事件后，该机型不得不在1954年宣布停飞。虽然开局不利，但喷气式飞机的时代还是到来了。

在比这更早的70年前，也就是1884年，在华盛顿召开的国际子午线大会就为全世界读取时间厘清了方法。如今人们又遇到了新的问题。随着喷气式客机的到来，人类在不同时区之间穿梭的速度和频率都大大提高了，这导致人们很容易忘记自己到底处在哪个时区。驾驶这些新型喷气式客机的飞行员们也希望有一款能够同时显示（格林尼治标准时间和当地时间）两个时区时间的手表。

为了满足这项前所未有的需求，劳力士公司在1955年推出了一款新型腕表，它看起来与新型喷气式客机一样时髦。除了时针和分针，它还有一根每24小时旋转一周的指针。而

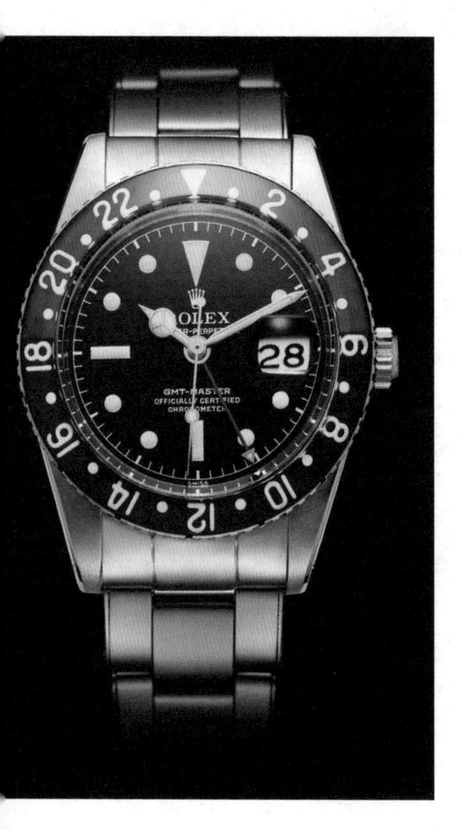

喷气式飞机时代来临的前兆，编号为6542的劳力士格林尼治型（The Rolex GMT-Master）腕表是飞行员必备的装备之一

劳力士格林尼治型腕表的天才设计体现在它的简约上：一个24小时旋转表框和一根24时指针，就将腕表改造成了适合飞行员和其他使用者的强大工具

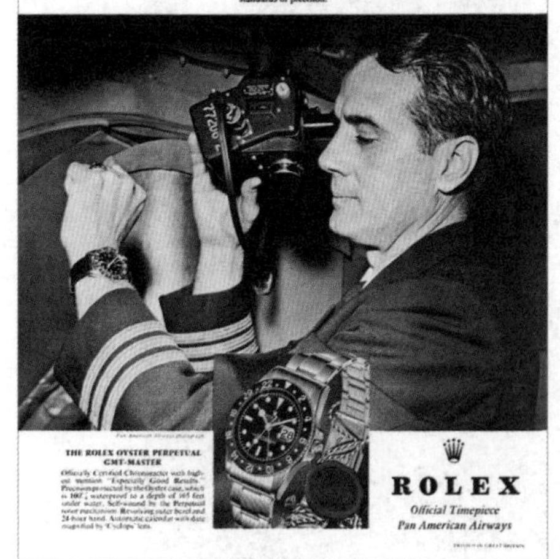

佩戴劳力士格林尼治型腕表，是仅次于成为飞行员的第二大快事："劳力士与泛美航空共翱翔"是该款手表早期广告中的自豪宣言

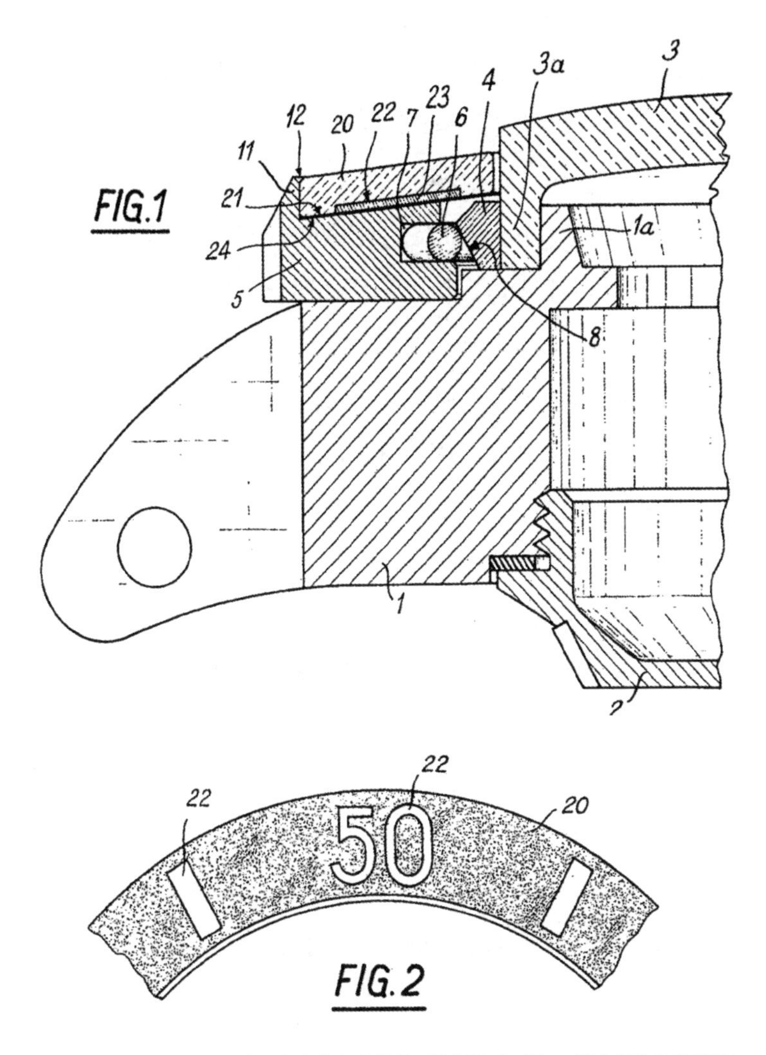

旋转式表框的截面图，该设计让劳力士格林尼治型腕表成为一件高效的飞行装备。图片出自瑞士专利局1957年1月28日的专利申请文件

且与波音367-80那棕黄相间的漆面一样醒目的是，这款劳力士腕表表盘的外围有一个红蓝双色表框，上面排布着1至24的数字，能够绕着表盘旋转。正如劳力士公司在宣传册上所说的，这款腕表是“劳力士为满足世界两大知名航空公司的飞行员十分特殊和严格的用时需求而专门制作的”[1]。

这款腕表的外观比较奇特，它最初的营销方式有点像售卖圆规或计算尺。宣传册的首页上是一张相当无趣的、让人完全提不起兴致的照片，照片上有一位无线电操作员正在展示他的劳力士腕表，同时，在一张货船照片的上方，打出了“劳力士为领航员助航——劳力士格林尼治型”[2]的标语。

如果没有这款劳力士格林尼治型腕表，领航员的工作不会变得如此优雅：它成为泛美航空飞行员的官方用表，同时也成为一个新的社会精英阶层——周游世界享乐的“富豪一族”（jet set）——的非官方用表。喷气式客机让整个世界缩小了。乘坐邮轮跨越大西洋差不多要花一周时间，而乘坐喷气式客机，整个行程也就花费一个下午多一点。航空公司的飞行员们再也不是那些笨重而嘈杂的机器的操作者，而成了头戴雷朋太阳镜、身穿金色穗带制服，负责发号施令和解说航程的现代化机组人员。劳力士格林尼治型腕表是为新时代而诞生的一款新型手表。

空中旅行有它独特的魔力，脱离了地面的束缚，悬浮在天地之间；以超过500英里/小时的速度在天空中飞驰，乘客们不免感觉自己受到了上帝之手的轻抚。机场成了新宗教的教堂；高速喷气式客机正是其魅力所在——而歌手弗兰克·辛纳屈（Frank Sinatra）则是这个宗教热情的传教者。

1958年，在名气和人气的高峰期，辛纳屈发行了自己的第4张密纹唱片。这张唱片取名为《和我一起飞》(*Come Fly With Me*)，唱片的封面海报上，可以看到辛纳屈站在机场的跑道上，身后是一架环球航空公司（TWA）[3]的飞机。与其说它是一张现代流行音乐的唱片，不如说是一本以音乐为背景的旅行宣传册。唱片主打曲《和我一起飞》在歌词中唤起了人们对墨西哥的阿卡普尔科（Acapulco）和秘鲁的记忆，它就像一首赞美诗，歌颂乘坐喷气式飞机的旅行，并暗示这种旅行具有春药般的作用。不论从哪个角度看，在3.5万英尺高空的生活都是特别的。

没什么能比人们手腕上佩戴的劳力士格林尼治型腕表更能显示出国际旅行的复杂性。飞行员是一个地位较高的职业，与市长佩戴代表着自身职责的链徽一样，这只腕表正是传达此类地位的载体。在2002年上映的影片《猫鼠游戏》(*Catch Me if You Can*)中，莱昂纳多·迪卡普里奥（Leonardo DiCaprio）扮演一名真实存在过的江湖骗子（小）弗兰克·阿巴格内尔（Frank Abagnale），他将自己伪装成泛美航空公司的一名飞行员。这部影片也成为对已失去魅力的商业航空旅行的一支赞歌。它生动地唤起了人们在乘坐喷气式客机旅行时油然而生的那种兴奋和期待。

在一个大体上仍然以行政层级和性别刻板印象为评价依据的社会里，航空公司的飞行员们却能够直接享有一种受人尊敬、报酬丰厚的且充满魅力的职位。那些每天吃着配有3杯马天尼的工作餐，开着凯迪拉克，在办公室“脚踏实地”的高管们，可能已经享受到了“艾森豪威尔繁荣”(Eisenhower boom）和发达的军工体系带来的补偿。不过，如果他们想通过佩戴一款劳力士格林

2002年上映的电影《猫鼠游戏》是对已失去魅力的航空旅行时代的一支赞歌，劳力士格林尼治型腕表与那个时代也有着千丝万缕的联系

尼治型腕表来装一把“飞行员的酷”，似乎也可以理解。

在泛美航空公司总部的大楼里，你最能够体会到“坐驾驶舱”的员工与“坐办公室”的员工之间的那种社会分层。这种专门为机组人员采购的手表常常被公司的管理层“挪用”。直到有一天，泛美航空公司的创始人胡安·特里普（Juan Trippe）瞥见了公司某个行政管理人员手腕上戴着格

20世纪60年代的一篇杂志广告

由瓦尔特·格罗皮乌斯（Walter Gropius）设计的泛美航空公司大楼，矗立在曼哈顿市中心，向世人展示着这家以劳力士作为官方用表的标志性航空公司的重要地位

林尼治型腕表，然后询问为什么不把这些表交给那些飞行员佩戴。特里普勒令相关人员将这款手表退回，只能由航班机组人员佩戴。不过，作为让步，他又定制了100只配有白色表盘的劳力士格林尼治型腕表，送给那些所谓“办公室飞行员”佩戴。

如果说波音707飞机创造了喷气式航空旅行的浪漫情怀，那么另一个型号的波音飞机则令喷气式飞机的流行度大打折扣。随着波音747客货两用运输机的起飞，大众航空旅行的时代来临了，周游世界享乐的“富豪一族”的荣光也开始变得暗淡；曾经充满了专属感、魅力和兴奋的天堂，逐渐变为如今由拥挤的机场和廉价航班构成的“鬼地方”。

今天回首那段把航空旅行视为最具魅力之事的迷人年代，我们会发现，唯一能证实这段记忆真实性的，就是这款劳力士格林尼治型腕表。

月球官方腕表

欧米茄超霸系列

1961年1月20日，美国华盛顿的天气异常寒冷，但这并未阻挡人们集会的热情，共同见证美国最年轻总统的就职典礼。相较于即将离任的总统、“二战”时期的名将艾森豪威尔和朴实的前第一夫人玛米（Mamie）来说，时年44岁的约翰·肯尼迪和他富有魅力的妻子杰奎琳（Jacqueline）代表着这个国家的某种重生，一个新美国的黎明。

然而，就在上任3个月后，这位美国的第35位总统即使开始怀疑这更像是美国的黄昏，我们也不能对他过于苛求。4月20日，肯尼迪在一份备忘录上匆匆签下自己的名字，并把它交给了时任副总统的林登·B. 约翰逊（Lyndon B. Johnson）。林登是一个机敏干练的南方人，当时还担任着美国太空委员会的主席。

在差不多60年之后，人们可以轻易地感受到肯尼迪身上紧迫甚至绝望的情绪。他在备忘录上提出的第一点指示就足以说明问题：

> 我们是否有机会通过在太空设置一座实验室、绕月飞行、火箭登陆月球，或是载人火箭地月往返，来打败苏联？

是否还有别的能够带来巨大成果的太空计划，能让我们从中胜出？[1]

4月14日早晨，肯尼迪一觉醒来便收到了苏联成功将一个人送入太空并返回地球的消息。尽管笼罩在“冷战”时期怀疑和惊惧的气氛之下，世界还是被这个消息震惊了。在这场被称为“太空竞赛”的角逐中，看似落后的苏联却将美国甩了这么远。美国一些善于纸上谈兵的“冷战专家”推断，如果那帮“共产主义分子”能够把人送入太空，那么他们自然也能轻易地将携带核武器的导弹发射到美国本土的腹地。

此前一直将太空事业视为消遣的肯尼迪受到了震撼，他用类似于英格兰国王亨利二世①的那种羞愤而激动的嗓音呼吁道：“如果有人能做到的话，只管告诉我如何才能迎头赶上。”他不想放过一丝一毫的希望，“我们去找人——任何人。哪怕是那边门口看大门的也行”[2]。

然而，更令他糟心的事情还在后面。当他在自己的办公室里一边踱步一边听取科学顾问们反馈的某个夜晚，一支舰队正在秘密驶向古巴，这次被称为“猪湾事件”的入侵企图遭遇了耻辱性惨败。至4月19日下午，这支反革命武装被彻底剿灭。

先是一个来自斯摩棱斯克（Smolensk）的农民的儿子②在太空

---

①亨利二世曾在英格兰推行一系列改革以加强王权。在他试图收回教士的司法特权时，遭到了自己一手提拔为坎特伯雷大主教的近臣托马斯·贝克特（Thomas à Becket）的强烈抵制。恼羞成怒的亨利二世曾当众怒吼道：“就没有谁能帮我摆脱这个胡闹的教士了吗？”后贝克特被国王手下的4位骑士刺杀。

②此处指苏联宇航员加加林。

中打败了强大的美国，尔后一股被认为纪律涣散、蓬头垢面的革命者又将美国支持的古巴入侵者赶进了大海。在连距离美国海岸线仅几十英里的一座小岛都无法攻克的情况下，投入越南战争的美军士兵人数又在不断攀升，肯尼迪迫切希望能打一个翻身仗，他认为这一仗不在加勒比海，也不在中南半岛，而是在月球上。

在时隔半个多世纪的今天，登月活动已经成了历史事件，不过我们还是有必要结合当时的时代背景来审视。1961年，当肯尼迪几乎在一夜之间决定派人登月时，距离山度士－杜蒙驾驶他的充气式飞艇绕飞埃菲尔铁塔才过了仅仅60年，甚至在尼尔·阿姆斯特朗首次踏上月球的时候，仍有不少健在者还记得杜蒙和莱特兄弟帮助人类实现飞行梦想之前的岁月。（顺便提一下，在月球上还有一个以山度士－杜蒙的名字命名的火山口，以纪念他的伟大功绩。）

5月25日，肯尼迪在国会联席会议上发表了著名的“国家之所急”（Urgent National Needs）的演讲。在肯尼迪所作的众多令人难忘、口若悬河的演说中，下面这段话足以同他的“柏林墙下的演说”（Ich bin ein Berliner）相媲美：“我相信，在这个10年结束之前，这个国家应当致力实现将一个人送上月球并使其安全返回地球的目标。”

引用频率紧随其后的是下面这句：“在现阶段，没有哪个太空项目（比登月计划）更能带给人类震撼，或是对长期的太空探索的意义更大；也没有哪个太空项目在难度和费用上如此之高。”他进一步阐述，将其描述成一个关系到每一个美国人的宏伟目标：“实际上，这不仅是一个人登上月球——如果我们作出肯定的判断，登上月球的将是整个国家。因为只有在我们的共同努力下，登月的目标才能实现。”

到1965年，有近25万人投入到了这项有史以来最具雄心的技术项目当中。其中包括吉姆·拉根（Jim Ragan），他和林登一样，也是一个地道的得克萨斯人。如今，古稀之年的拉根仍有一头乌黑的头发，他对领带和衬衣的品位令人称绝，喜欢将手机装在一个带有手工压印的皮套里。在与人交谈时，他时常会发出“天哪！”这样的惊呼，而且他在说“车辆”（vehicle）这个单词的时候，往往要把大部分人习惯于不发音的“h”带出来。

1964年，拉根还是一个瘦高的物理系毕业生。他告诉我：“我恰巧认识一个人，帮我获得了一次美国国家航空航天局的面试机会。”他回忆说，在参加面试的时候，他“先后被带到三四个不同的地方”[3]，最后才终于坐到了宇航员活动协调人、时年40岁的迪克·斯雷顿（Deke Slayton）的办公桌前。斯雷顿是一个留着寸头、面容粗犷的“二战”飞行员，曾担任水星项目的宇航员，后因心律不齐而结束了飞行生涯。

斯雷顿负责的事务非常宽泛，大至宇航员的挑选，小至一个最普通的设备的选择，都由他负责。在给拉根面试的那天，他正忙着考虑照相机的问题。当时已有的一些太空照片都是用安装在狭小的航天器中的商用相机拍摄的，拍摄质量无疑非常差。鉴于面试对象是一个物理系的大学生，斯雷顿希望他能懂一些光学知识，于是向他抛出了一个问题：

“你能不能为我们开发一个可以拍出好照片的相机？”

“当然可以，这有什么难的？”拉根答道。

“他以此为前提初步录用了我，”拉根说，“我将负责所有的照相机筹备工作。不过，后来我实际上参与了机组人员所有硬件设备的筹备工作。我们还做了很多奇怪的物品，例如呕吐袋，以防宇航员在天上生病，此外还有湿巾之类的东西。钢笔、铅笔、记号笔，所有的东西。”[4]

不过他从斯雷顿那里接到的第一个任务既不是呕吐袋，也不是照相机。“当我到那儿时，他说：‘我们有一些手表，3块不同的手表，它们在天上走得不是特别理想。’”[5]

于是，拉根开始着手寻找合适的手表。不过他需要先设计一些测试条件，来模拟在月球上的严苛环境。在20世纪60年代中期，没有人真正知道月球表面的环境到底有多严苛。

对宇航员及其装备的测试是非常严酷的，有时会有很强的目的性：在对苏联早期宇航员进行的失重训练中，有一项训练是让受训者待在莫斯科国立大学（Moscow State University）的电梯中，梯厢从电梯井被扔下，撞向压缩空气缓冲器。没有人知道，人类登上月球后，到底会面临哪些挑战。因此，拉根对他能想到的所有测试条件都进行了设计。

手表需要先经受71—93℃高温的考验，持续两天时间，然后还要被冻至-18℃。它们被放进一个加热至93℃的真空室，然后接受温度骤变的测试：先加热到70℃，之后立即被冻至-18℃……而且不止一次，要接连不断地重复15次！在

巴兹·奥尔德林（Buzz Aldrin）在阿波罗11号任务期间登上“鹰”号登月舱

完成上述测试后，这些手表还需要在6个不同的方向上承受40G的重力加速，以及高压和低压测试。手表需要被置于湿度为93%的大气环境下以及氧气浓度为100%的高腐蚀性环境下，进行性能和功能方面的测试。它们甚至还要承受130分贝的噪声干扰。最后，还要对它们进行平均加速度为8.8G的振动测试。[6]

拉根筹备了一次招标，在接洽的10家手表公司里，有4家公司提交了手表，其中一家公司的手表因尺寸问题，还未参加第一轮测试即被淘汰出局了。“我或许可以把这块表挂在飞船的某个地方。它的尺寸实在太大了，所以它因不适合手腕佩戴而自动出局。另外两款手表没能扛过真空条件下的温度升降测试。”[7]失败的手表选用的都是双金属指针，两种金属在极端温度下的膨胀和收缩比率不一致，导致手表的指针弯曲变形，缠绕在了一起。

在众多测试中“走”到最后的是一款来自欧米茄公司的手表，该公司的总部位于瑞士小镇比尔。这款型号为“超霸系列”（Speedmaster）的手表是一款计时表，于1957年上市，之后凭借其带刻度的外圈在手表界引起了一定的轰动，表框上的计速器刻度可以帮助佩戴者计算生产的速度和效率。“我们为那些以秒为单位计算时间的人设计了超霸系列腕表，”该款手表的广告中宣称，“科学家、工程师、影视剧导演适用。”[8]

到1965年3月，随着该表被指定为“通过所有载人太空任务的航行测试”，“航天员”一项也可以加入广告的适用群体中了。

几周之内，这块表就出现在了双子座3号的宇航员维吉

欧米茄超霸系列腕表需要通过一个资格考察项目，才能被宣布为“符合美国国家航空航天局所有载人航天任务要求”。该项目包括在各种严苛的大气环境下的性能测试

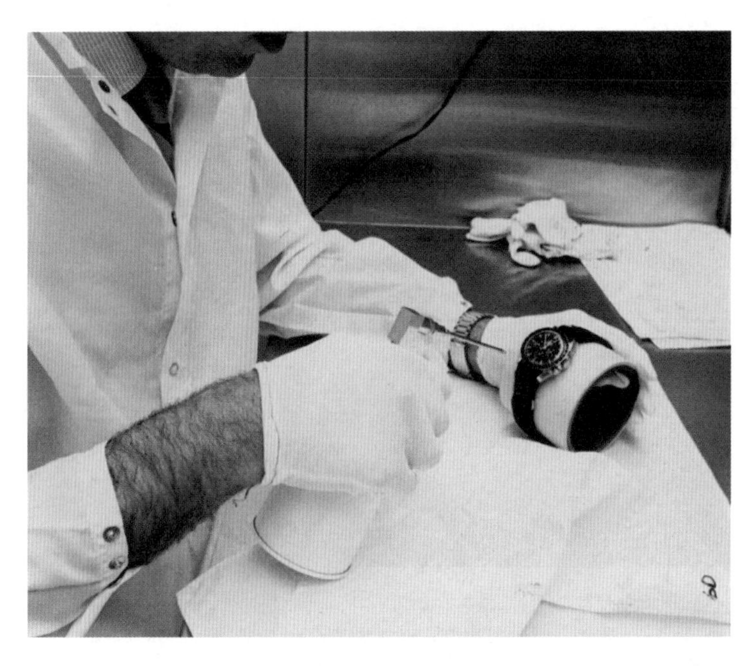

巴兹·奥尔德林在月球表面距离美国国旗不远的地方拍照。与他手腕上佩戴的欧米茄超霸系列手表一样，这面国旗也是由尽心尽力的吉姆·拉根千挑万选而来的

尔·“加斯”·格里森（Virgil “Gus” Grissom）和约翰·杨（John Young）的手腕上。不过，欧米茄公司首次知道自己的产品在地球环境之外被使用是在1965年6月，当时爱德华·H. 怀特（Edward H. White）正在执行美国首次太空行走任务，作为双子座4号任务的一部分，在拍摄的任务图片中，他佩戴的超霸系列腕表清晰可见。（不过，自拉根入职以来，该型号的手表已经得到了大幅改善。）在此之前，提供这些手表的美国欧米茄经销商诺曼·莫里斯（Norman Morris）并不知道这些手表的预期用途：“那是欧米茄公司第一次知道，我们正在‘飞’它们的手表。”[9]

正是这款手表的平凡造就了它的伟大：进行过太空行走的人并不多，能够把脚印留在月球上的人更是屈指可数，但世界上的任何人都可以购买和佩戴与执行过这些非凡任务的爱德华·怀特、阿姆斯特朗以及奥尔德林在航天服外用尼龙搭扣佩戴的同款的手表。拉根咯咯地笑着说："85美元一只，任何人都能买到，我就买了一块。"[10]

到20世纪60年代中期，"美国国家航空航天局的支出占到美国联邦每年预算的5%"[11]，而这几位开销达数亿美元的航天员佩戴的手表仍然不到100美元。拉根回忆道："从双子座计划开始，一直到阿波罗计划和太空实验室计划，我们共采购了97块手表。"每块手表"飞"完后，都会被交还给他。"我把它们收起来，给它们内部重新上润滑油，如果表镜被刮擦了，就替换一下。真正变得面目全非的是那些上过月球的手表。它们在返回后，身上会带有一种黑色的像石墨一样的物质，这其实是月壤。如果表镜炸裂了（在月球上有3块亚克力表镜的残留物），会有碎屑直接落入机芯，但它照走不误。"[12]

因此，欧米茄可以相当骄傲地宣称，"没有哪件设备敢说自己曾被用于水星计划、双子座计划、阿波罗计划、太空实验室计划、联盟号飞船、礼炮号空间站、航天飞机、和平号空间站和国际空间站等诸多太空任务，更不用说一款手表了"。

超霸系列腕表还为一次登月任务作出了突出贡献：被看作"成功的失败"的阿波罗13号登月任务。由于飞船在向外飞行途中发生了爆炸，船体受损，宇航员们不得不在登月舱中寻求庇护，任务也被迫取消了。在绕月一周后，他们乘指令舱返回地球，其间为了安全返航，他们就是靠超霸系列腕表来为至关重要的引擎点火时间进行计时的。

阿波罗13号的宇航员杰克·斯威格特（Jack Swigert），在他太空服的袖子外侧戴着一块欧米茄超霸系列腕表

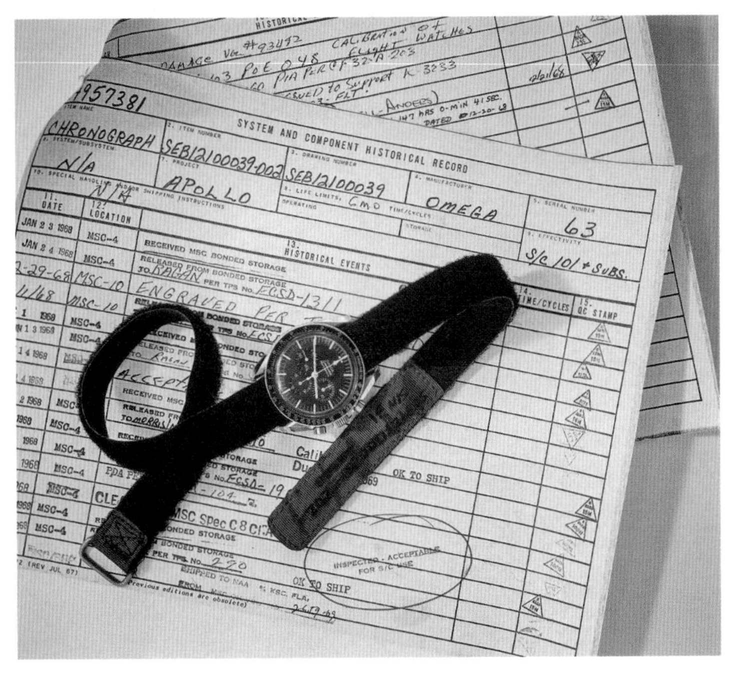

为了戴在太空服外部而搭配了超长表带的超霸系列腕表

欧米茄超霸系列腕表因太空而名利双收：2018年5月，一块欧米茄超霸系列腕表拍出了相当于40万美元的高价。它不仅帮助人类创造了历史，而且也在阿波罗13号任务中，帮助肯尼迪兑现了他的诺言，即不仅要把人送上月球，还要把他带回地球。

事实证明，当肯尼迪说“只有在我们的共同努力下，登月的目标才能实现”这句话时，这里的“我们”不仅包括美国，还包括位于瑞士比尔镇的欧米茄制造厂。

注 释

时间的白骨

1. *The New Yorker*, 22 April 1974.

2. Ibid.

3. Ibid.

4. Alexander Marshack, "Cognitive Aspects of Upper Paleolithic Engraving", *Current Anthropology*, Vol. 13, No. 3/4 (June-October 1972), pp. 445–77.

5. *The Times*, 22 January 2005.

坑里乾坤

1. Britannica.com.

2. Interview with the author, October 2018.

3. BBC News, 15 July 2013, Vincent Gaffney interviewed by Huw Edwards.

4. Ibid.

5. Interview with the author, October 2018.

6. Ibid.

7. Roff Smith, "World's Oldest Calendar Discovered in UK", *National Geographic*, 16 July 2013 (https://news.nationalgeographic.com/news/2013/07/130715-worldsoldest-calendar-lunar-cycle-pits-mesolithic-scotland/).

带孔的水桶

1. World Monuments Fund (https://www.wmf.org/project/mortuary-temple-amenhotep-iii).

回到未来

1. Derek de Solla Price, "Gears from the Greeks. The Antikythera Mecha-

nism –A Calendar Computer from CA. 80 BC", *Transactions of the American Philosophical Society*, Vol. 64, No. 7 (1974), pp. 1–70.

2. Ibid.

3. Ibid.

4. Ibid.

5. Ibid.

6. Ibid.

7. Ibid.

8. Ibid.

9. Ibid.

10. Ibid.

11. Ibid.

12. Yannis Bitsikakis, "On Time", *Vanity Fair*, Autumn 2012.

13. Ibid.

3月15日

1. Imperatorum omnium orientalium et occidentalium verissimae imagines ex antiquis numismatic... Addita cuiusque vitae description ex thesauro lacobi Stradae.

2. Dominique Fléchon, *The Mastery of Time: A History of Timekeeping, from the Sundial to the Wristwatch: Discoveries, Inventions, and Advances in Master Watchmaking* (Paris: Flammarion, 2011), p. 70.

3. Ibid.

古代的黄昏

1. Otto Bardenhewer and Thomas J Shahan (trans), *Patrology: The Lives and Works of the Fathers of the Church* (Freiburg im Breisgau, St. Louis, Mo.: B. Herder, 1908), pp. 541–2.

2. *Critical Inquiry*, Autumn 1977, p. 101.

3. Gerhard Dohrn-van Rossum and Thomas Dunlap (trans), *History of the Hour: Clocks and Modern Temporal Orders* (Chicago, IL.: University of Chicago Press, 1996).

4. Ibid.

5. Dominique Fléchon, op. cit., p. 86.

6. Brouria Bitton-Ashkelony and Aryeh Kofsky Koninklijke (eds), *Christian Gaza in Late Antiquity* (Leiden, The Netherlands: Brill NV, 2004), p. 20.

7. Ibid., p. 19.

8. Norman Davies, *Europe: A History* (Bodley Head, 2014), p. 253.

东方奇迹

1. Edward Gibbon, *The History of the Decline and Fall of the Roman Empire* (London, Strahan & Cadell), p. 94.

2. B. Walter Scholz, *Carolingian Chronicles: Royal Frankish Annals and Nithard's Histories* (Ann Arbor: University of Michigan Press, 1970), p. 87.

缺失的一环

1. "The University from the 12th to the 20th century", Alma Mater Studiorum Università di Bologna (https://www.unibo.it/en/university/who-we-are/our-history/universityfrom-12th-to-20th-century)

2. Quoted in Heping Liu, "'The Water-Mill' and Northern Song Imperial Patronage of Art, Commerce, and Science", *The Art Bulletin*, Vol. 84, No. 4 (December 2002), pp. 566–95.

3. Iwan Rhys Morus (ed.), *The Oxford Illustrated History of Science* (Oxford: Oxford University Press, 2017), p. 108.

4. Ibid., p. 121.

5. Heping Liu, "'The Water-Mill' and Northern Song Imperial Patronage of

Art, Commerce, and Science", pp. 566–95.

6. Joseph Needham and Wang Ling, *Science and Civilisation in China, Volume 4: Physics and Physical Technology, Part II: Mechanical Engineering* (Cambridge: Cambridge University Press, 1965), p. 455.

7. Ibid., p. 457.

商场里的大象

1. Ibn al-Razzaz al-Jazari and Donald R. Hill (trans), *The Book of Knowledge of Ingenious Mechanical Devices* (Dordrecht-Holland/Boston, USA: D. Reidel Publishing Company, 1974), p. 59.

通往天国的机械阶梯

1. Quoted in Francois Chaille, *The Beauty of Time* (Paris: Flamarrion, 2018), p. 110.

2. John North, *God's Clockmaker: Richard of Wallingford and the Invention of Time* (London: Bloomsbury, 2005), p. 124.

3. Ibid.

4. Ibid., p. 14.

5. Quoted in Silvio A. Bedini and Francis R. Maddison, "Mechanical Universe: The Astrarium of Giovanni de'Dondi", *Transactions of the American Philosophical Society*, Vol. 56, No. 5 (1966), pp. 1–69.

6. Ibid.

7. Ibid.

会打鸣的铁公鸡

1. F. C. Haber, "The Cathedral Clock and the Cosmological Clock Metaphor", in J. T. Fraser and N. Lawrence (eds), *The Study of Time II* (Berlin Heidelberg: Springer-Verlag, 1975).

2. C. Dasypodius, *Heron mechanicus; seu de machanicis artibus atque disciplinis. Eiusdem horologii astronomici Argentorati in summo Templo erecti descriptio* (Strasbourg, 1580), quoted by Anthony Grafton, "Chronology and its Discontents in Renaissance Europe: The Vicissitudes of a Tradition", in Diane Owen Hughes and Thomas R. Trautmann (eds), *Time: Histories and Ethnographies* (Ann Arbor: University of Michigan Press, 1995).

3. Anthony Grafton, "Chronology and its Discontents in Renaissance Europe: The Vicissitudes of a Tradition", in Diane Owen Hughes and Thomas R. Trautmann (eds), *Time: Histories and Ethnographies*.

4. C. Dasypodius, op. cit.

5. "The Great Clock at Strasburg", *Illustrated London News*, 28 January 1843.

6. Ibid.

7. Ibid.

8. Ibid.

9. Quoted by Fred Kaplan in *Dickens: A Biography* (New York: William Morrow, 1988), p. 292

10. Wilkie Collins, *Armadale*, "Book the Second/Chapter VI: Midwinter in Disguise".

11. Lisa M. Zeitz and Peter Thoms, "Collins' s Use of the Strasbourg Clock in Armadale", *Nineteenth-Century Literature*, Vol. 45, No. 4 (March 1991), pp. 495–503.

12. "The Great Clock of Beauvais Cathedral and the Strasbourg Clock", *Scientific American*, 21 August 1869.

13. Ibid.

文艺复兴时期的失传珍品

1. Quoted in Silvio A. Bedini and Francis R. Maddison, op. cit.

2. Ibid.

3. De Maisieres [90], Tome XVI, pp. 227–22.

4. Silvio A. Bedini and Francis R. Maddison, op. cit.

5. Ibid.

6. Ibid.

7. Ibid.

神圣罗马帝国的霍华德·休斯

1. Norman Davies, *Europe: A History*, p. 524.

2. Peter Marshall, *The Mercurial Emperor* (London: Pimlico, 2007), p. 99.

3. Julia Fritsch, *Ces curieux navires: Trois automates de la Renaissance* (Paris: Réunion des Musées Nationaux, 1999), p. 19.

被埋没的宝藏

1. Quoted in Hazel Forsyth, *London's Lost Jewels* (London: Philip Wilson Publishers, 2013), published on occasion of the exhibition *The Cheapside Hoard: London's Lost Jewels,* Museum of London (11 October 2013–27 April 2014).

2. H. V. Morton quoted on Smithsonian.com.

3. Quoted in Hazel Forsyth, op. cit.

4. "Romance and Colour of London", *The Times*, 19 March 1914, p. 6.

5. Hazel Forsyth, op. cit.

6. MS in the Harleian Library, quoted in James Robinson Planche, *History of British Costume* (London: Charles Knight, 1834), p. 275.

7. Hazel Forsyth, op. cit.

8. Ibid.

日本的动态时间

1. Joy Hendry, “Time in a Japanese Context”, essay in exhibition catalogue “The Story of Time” (London: Merrell Hoberton, in association with National Maritime Museum, 1999).

2. John Goodall, *A Journey in Time: The Remarkable Story of Seiko* (Herts, UK: Good Impressions, 2003), p. 8.

3. https://museum.seiko.co.jp/en/knowledge/wadokei/variety/.

4. Ibid.

5. Hoshimi Uchida, “The Spread of Timepieces in the Meiji Period”, *Japan Review*, No. 14 (2002), pp. 173–192.

6. Ibid.

测定经度

1. Dava Sobel and William J. H. Andrewes, *The Illustrated Longitude* (New York City: Walker & Co., 2003), p. 17.

2. Derek Howse, *Greenwich Time and the Discovery of the Longitude* (Oxford: Oxford University Press, 1980), p. 47.

3. *House of Commons Journal*, 25 May 1714, quoted in Derek Howse, Ibid.

4. Warrant for foundation of Royal Observatory, quoted in Derek Howse, pp. 50–51.

5. Ibid.

6. Ibid.

7. Bank of England inflation calculator (https://www.bankofengland.co.uk/monetary-policy/inflation/inflation-calculator).

8. Dava Sobel and William J. H. Andrewes, op. cit., p. 93.

9. Ibid., p. 138.

10. “Rehabilitating Nevil Maskelyne-Part Four: The Harrisons’ accusations, and conclusions”, Royal Museums Greenwich blog, 12 February 2011

(https://www.rmg.co.uk/discover/behind-the-scenes/blog/rehabilitating-nevil-maskelyne-partfour-harrisons-accusations-and).

时间轰鸣

1. George Armstrong Kelly, "The Machine of the Duc D' Orléns and the New Politics", *The Journal of Modern History*, Vol. 51, No. 4 (1979), pp. 667–84.

2. Ibid.

3. Quoted in *Country Life*, 30 January 1986.

4. Louis Marquet, "Le canon solaire du Palais-Royal à Paris", *L'Astronomie*, Vol. 93 (1979), p. 369.

5. Ibid.

美国的博学家

1. James Ferguson, "Account of Franklin's Three-Wheel Clock, 1758", Founders Online, National Archives, last modified 13 June 2018 (http://founders.archives.gov/documents/Franklin/01-08-02-0060) [Original source: Leonard W. Labaree (ed), *The Papers of Benjamin Franklin, Vol. 8, April 1, 1758*, through December 31, 1759 (New Haven and London: Yale University Press, 1965), pp. 216–20].

2. Benjamin Franklin, *The Sayings of Poor Richard: Wit, Wisdom, and Humor of Benjamin Franklin in the Proverbs and Maxims of Poor Richard's Almanacks for 1733 to 1758*.

断头台和超复杂系列

1. Emmanuel Breguet, *Breguet: Watchmakers Since 1775* (Paris: Gourcuff, 1997), p. 48.

2. Sir David Lionel Salomons, *Breguet* (London: 1921).

3. Rees Howell Gronow, *Captain Gronow's Last Recollections: Being The*

Fourth And Final Series Of His Reminiscences And Anecdotes (Palala Press, 2015), p. 76.

4. Sir David Lionel Salomons, op.cit., p. 4.

送时上门

1. *The Times*, 13 December 1943, p. 6.

2. J. L. Hunt, "The Handlers of Time: The Belville Family and the Royal Observatory, 1811-939", *Astronomy & Geophysics*, Vol. 40, Issue 1 (1 February 1999).

3. Ibid.

4. Ibid.

5. David Rooney, "Ruth Belville: The Greenwich Time Lady", Science Museum Blog, 23 October 2015.

6. Quoted in David Rooney, op. cit., p. 52.

7. *Popular Scientist*, October 1929, p. 63.

8. Quoted in Derek Howse, *Greenwich Time and the Discovery of the Longitude* (Oxford: Oxford University Press, 1980), p. 87.

世界最著名的钟

1. Quoted in Peter Macdonald, *Big Ben: The Bell, the Clock and the Tower* (Stroud, Glos.: The History Press, 2005), p.18.

2. Ibid., p23.

3. Rosemary Hill, *God's Architect: Pugin and the Building of Romantic Britain* (New Haven, CT: Yale University Press, 2007), p. 482.

4. Ibid., p484.

5. Quoted in Peter Macdonald, op. cit., p.27.

6. *Illustrated London News*, 6 March 1858.

误了火车，改变时间

1. Sir Sandford Fleming, *Terrestrial Time: A Memoir* (London: 1876).

2. Ibid.

3. Ibid.

4. Ibid.

5. Ibid.

6. *New York Times*, 20 November 1983.

7. Quoted in Derek Howse, op. cit., p. 123.

8. Quoted in Charles W. J. Withers, *Zero Degrees: Geographies of the Prime Meridian* (Cambridge, MA: Harvard University Press, 2017), p. 140.

9. Ibid, p. 152.

10. Quoted in Ian R. Bartky, "The Adoption of Standard Time", *Technology and Culture*, Vol. 30, No. 1 (January 1989).

11. *New York Times*, 18 November 1883.

12. Ibid.

13. Ibid.

14. Sandford Fleming, *Time-Reckoning for the Twentieth Century* (Montreal: Dawson Bros, 1886).

乘时而飞

1. *Saint Paul Globe*, 20 October 1901.

2. Alberto Santos-Dumont, *My Airships: The Story of My Life* (London: Grant Richards, 1904), p. 198.

3. *Saint Paul Globe*, op. cit.

4. Ibid.

5. Alberto Santos-Dumont, *My Airships*, op. cit., 21.

6. Ibid., p. 171.

7. Ibid., p. 58.

8. Ibid., p. 167.

9. Ibid.

10. Ibid., p. 213.

11. Ibid., p. 110.

12. Ibid., pp. 35–6.

13. Ibid.

14. Gilberte Gautier, *The Cartier Legend* (London: Arlingon Books, 1983), p. 95.

15. *L'Aérophile* (various issues).

16. Alberto Santos-Dumont, *My Airships*, op. cit., 58.

17. Ibid., p. 168.

18. Nancy Winters, *Man Flies: The Story of Alberto Santos-Dumont, Master of the Balloon* (London: Bloomsbury, 1997), p. 148.

19. Ibid.

最早的运动款手表

1. *Dental News*, Volume 18, p. 48, 1935.

2. Manfred Fritz, *Reverso – The Living Legend* (Jaeger-LeCoultre, Edition Braus, 1992), p. 28.

世界最贵的表

1. Interview with the author, January 2019.

2. Ibid.

3. Ibid.

4. Ibid.

5. "Qatari art collector Sheikh Saud bin Mohammed Al-Thani dies", BBC News, 11 November 2014 (https://www.bbc.co.uk/news/entertainment-arts-30001716).

6. Interview with the author, January 2019.

即刻起航

1. Catalogue Rolex Oyster Wristwatches, UK Market, circa 1958, Rolex.

2. Advertisement, Rolex.

3. Trans World Airlines.

月球官方腕表

1. "Memo from President John F. Kennedy to Vice President Lyndon Johnson, April 20, 1961", National Archives and Records Administration, Lyndon Baines Johnson Library and Museum, Austin, Texas (https://www.visitthecapitol.gov/exhibitions/artifact/memo-president-john-f-kennedy-vice-president-lyndon-johnson-april-20-1961).

2. Quoted from Jamie Dornan and Piers Bizony, *Starman: The Truth Behind the Legend of Yuri Gagarin* (London: Bloomsbury, 1998), p. 142.

3. Interview with the author, December 2018.

4. Ibid.

5. Ibid.

6. The OMEGA Speedmaster and the World of Space Exploration, a pamphlet published by Omega, pp. 6–7.

7. Interview with the author, December 2018.

8. Grégoire Rossier and Anthony Marquié, *Moonwatch Only: 60 Years of OMEGA Speedmaster* (Watchprint, 2014), p. 239.

9. Ibid.

10. Ibid.

11. Jamie Dornan and Piers Bizony, op. cit., p. 144.

12. Interview with the author, December 2018.

专业术语

自动上弦（automatic）：利用佩戴者手臂的运动引起摆锤的圆周运动，从而为主发条上链，也被称为“自动上链”（self-winding）。

摆轮游丝（balance spring）：一种固定在摆轮上的弹簧，可控制机芯的震荡。

表框（bezel）：表壳的一部分，套着表镜的一个圆环，有的标有刻度（欧米茄超霸系列），有的可旋转（劳力士格林尼治型）。

宝玑曲线（breguet curve）：摆轮游丝末端的弯曲结构，用以提高性能，因阿伯拉罕·路易·宝玑而知名。

音乐钟（carillon）：一系列鸣响装置，依次敲击时可以奏出曲调。

计时器（chronograph）：在怀表或腕表中添加的一种类似于码表的计时功能。

天文台钟表（chronometer）：一种精度极高的钟表。机芯经过独立的权威机构（如瑞士官方天文台检测机构［COSC］）测试，看在若干天的时间里，该钟表能否在不同的角度和变化的温度下保持运行的误差在数秒的范围内。

复杂功能（complication）：除显示时、分、秒等时间外的其他钟表功能，例如显示月相或日期的窗口。

直进式擒纵机构（deadbeat escapement）：一种高精度的擒纵机构，由约翰·哈里森的良师益友乔治·格林汉改良而成。

天文时差（equation of time）：恒太阳时（即在钟表上显示的太阳时）与真太阳时（即在日晷上显示的太阳时）之间的时差。恒太阳时与真太阳时每4年重合一次；由于地球绕太阳公转的轨道是椭圆的，因此在除重合外的年份，两者之间总是存在波动时差。

二分日（equinox）：一年出现两次的昼夜时常等分的日期。（另见“二至日”。）

擒纵机构（escapement）：手表或时钟的一个部件，能够将手表的主发条或钟表的重锤释放的持续能量转化为小的脉冲能量，从而标记时间单位。机械钟表发出的“滴答”声就是这种擒纵机构产生的。

原始平衡摆（foliot）：一种两端挂有可移动重物的横杆或水平臂，安装在一根细长的转轴上，称为摆轮心轴（verge），轴上有两个凸起物，与由重锤驱动的齿轮相啮合。通过调节重物距摆轮心轴的距离，可以加快或减缓钟表的走时速度，从而将能量转化为对时间的指示。这种立轴横杆式擒纵机构是早期机械式钟表的关键部件，后被钟摆所取代。起初，钟摆的摆动幅度较大，可达100度，后来发明的“锚式”擒纵机构将钟摆的摆动幅度控制在4—5度之内，使钟表的走时更加精准，由此也出现了带有长钟摆的长匣钟表（落地式大摆钟）。

均力圆锥轮（fusee）：一种带槽的锥体，锥体上缠绕着链条，另一端与主发条的转筒相连。当发条松开时，均力圆锥轮上的链条会缠绕在主发条的转筒上，其锥形结构提供了不同程度的阻力，从而为机芯提供均匀的动力。这是早期怀表的一个关键部件，其原理类似于山地自行车上的变速轮。

齿轮系（gear train）：由相互连接的带齿部件（齿轮和副齿轮）构成的系统，依靠彼此旋转以传递力量和动作。例如，在给机械手表上链的时候，拇指和食指扭动上链表冠的力量通过一个轮系传递给主发条并存储起来，后通过另一套名为“驱动轮”的轮系释放出来。

重力式擒纵机构（gravity escapement）：双重三星轮重力擒纵机构（也被称为格里姆索普［grimthorpe］擒纵机构）是一种均力装置，旨在为擒纵机构提供均等的动力。此种设计尽可能地将擒纵机构与某些外部因素隔离开，以减少塔钟因外部因素——如大风、指针上的冰雪重量等——带来的影响，这些因素会通过机芯反馈给钟表，影响钟表的性能。此外，双重三星轮重力擒纵机构无须加注润滑油即可工作，这也十分适用于塔钟的工作环境，因为油剂的黏性会受到极端温度的影响。

雅克马尔（jacquemart）：由发条装置驱动的机械木偶，可以敲击钟表上的鸣钟。

纬线（latitude）：与赤道平行的一系列假想线，可与经线配合作为地图的基准线。

经线（longitude）：在竖直方向上连接南、北极点的一系列假想线，将世界切分为若干部分，让人联想到橙子。可与纬线配合作为地图的基准线。

主发条（mainspring）：手表或时钟里的弹簧，一旦上紧，会缓慢释放能量，从而驱动机芯运转。作为重锤式钟表的一种替代性设计，主发条使手表的制作成为可能，因为重锤很显然不适用于手表。

子午线（meridian）：连接南、北极点并途经某个地点的一条假想线，例如伦敦的格林尼治子午线。

万年历（perpetual calendar）：手表中一种包含了闰年规则，无须重置即可显示星期、日期和月份的功能。

报时表（repeater）：一种在触动滑块或按钮后可以报时的钟表。三问报时表以低音鸣报小时，以高音和低音的混合音鸣报刻钟，以快速的连续高音鸣报分钟。

恒星时（sidereal time）：基于地球相对于极其遥远的、可视为固定不动的恒星的自转周期的时间计量系统。每天地球除了绕地轴自转一周，还会绕太阳公转大约1度，这就意味着（地球上某地点的）太阳中天时刻每天都会有微小的变化；恒星日比太阳日短了大约4分钟。

二至日（solstice）：一年出现两次的昼夜时差达到最大的日期。

陀飞轮（tourbillon）：法文字面意思为“旋风”，是由阿伯拉罕·路易·宝玑发明的。将擒纵机构装入一个旋转框架中，以抵消手表在竖直放置时（如装在口袋里）受到的重力影响，这种机械改良成为20世纪末21世纪初腕表的一种设计时尚。

参考资料

书　籍

Alain Pelletier, *Boeing, The Complete Story*, London: Haynes Publishing, 2010.

Alberto Santos-Dumont, *My Airships: the story of my life*, London: Grant Richards: The Riverside Press Limited, 1904.

Alexander Marshack, *Cognitive Aspects of Upper Paleolithic Engraving*, University of Chicago Press on behalf of Wenner-Gren Foundation for Anthropological Research, 1972.

Alfred Chapuis & Edouard Gélis, *Le Monde des automates: étude historique et technique*, Vol. 2, Geneva: Slatkine, 1928.

Ann Arbor, *Time: Histories and Ethnologies*, University of Michigan Press, 1995.

B. Walter Scholz, *Carolingian chronicles: Royal Frankish Annals and Nithard's Histories*, University of Michigan Press, 1970.

Brouria Bitton-Ashkelony & Aryeh Kofsky Koninklijke Brill NV, *Christian Gaza in Late Antiquity*, Boston: Brill Leiden, 2004.

Charles W. J.Withers, *Zero Degrees: Geographies of the Prime Meridian*, Harvard University Press, 2017.

Clare Vincent & Jan Hendrik Leopold, *European Clocks and Watches In the Metropolitan Museum of Art*, Yale University Press, 2015.

Dava Sobel & William J.H. Andrewes, *The illustrated Longitude*, New York City: Walker & Co., 2003.

Derek Howse, Warrant. *Greenwich Time and the Discovery of the Longitude*, Oxford University Press, 1980.

Dominique Flechon, *The Mastery of Time*, Paris: Flammarion, 2011.

Edmund White, *Arts and Letters*, New Jersey: Cleis Press, 2006.

Edward Gibbon, *The History of the Decline and Fall of the Roman Empire*, London: Strahan & Cadell, 1808.

Emmanuel Breguet, *Art and Innovation in Watchmaking*, Prestel, 2015.

Emmanuel Breguet, *Breguet Watchmakers, Since 1775*, Paris: Gourcuff, 1997.

F. Weinert, *The March of Time; Evolving Conceptions of Time in the Light of Scientific Discoveries*, Springer, 2013.

Francis Sheppard, *The Treasury of London's Past: An Historical Account of the Museum of London and Its Predecessors, the Guildhall Museum and the London Museum*, London: HMSO, 1991.

Francois Chaille & Dominique Flechon, *The Beauty of Time*, Paris: Flammarion, 2018.

G.-A. Berner, *Dictionnaire professionnel illustré de l'horlogerie*, Vols. 1 and 2, Bienne: Société du Journal La Suisse Horlogère SA, 1961.

Gerhard Dohrn-van Rossum, *History of the Hour: Clocks and Modern Temporal Orders*, University of Chicago Press, 1996.

Grégoire Rossier & Anthony Marquié, *Moonwatch Only: 60 Years of OMEGA Speedmaster*, Watchprint, 2014.

H. V. Morton, *In Search of England*, London: Methuen & Co. Ltd., 2000.

Hazel Forsyth, *The Cheapside Hoard: London's Lost Jewels*, London: Philip Wilson Publishers, 2013.

Ian R. Bartky, *The Adoption of Standard Time, Technology and Culture*, London: The Johns Hopkins University Press and the Society for the History of Technology, 1989.

Ibn Al-Jazari, *The Book of Knowledge of Ingenious Mechanical Devices*, Boston: Dordrecht-Holland, 1974.

Isabelle de Conihout & Julia Fritsch, *Ces Curieux Navires: Trois Automates de La Renaissance*. Paris: Réunion des Musées Nationaux, 1999.

Iwan Rhys Morus, *The Oxford Illustrated History of Science*, Oxford University Press, 2017.

J. R. Lucas, *A Treatise on Time and Space*, 1973, Part 1.

James Robinson-Planche, *A History of British Costume*, London: Charles Knight, 1834.

Jo Marchant, *Decoding the Heavens, Solving the Mystery of the World's First Computer*, Windmill Books, 2009.

John Goodall, *A Journey in Time the Remarkable story of Seiko*, Good Impressions, United Kingdom, Hertfordshire, 2003.

John North, *God's Clockmaker: Richard of Wallingford and the Invention of Time*, London: Bloomsbury, 2005.

Joseph Needham & Wang Ling, *Science and Civilisation in China, Volume 4: Physics and Physical Technology Part II: Mechanical Engineering*, Cambridge University Press, 1971.

Manfred Fritz, *Reverso – The Living Legend*, Jaeger-LeCoultre, Edition Braus,1992.

Nicholas Foulkes, *Automata,* Editions Xavier Barral, 2017.

Nicholas Foulkes, *Patek Philippe: The Authorized Biography*, London: Preface, 2016.

Nicholas Foulkes, *The Impossible Collection of Watches*, Assouline, 2014.

Norman Davies, *Europe: a History*, Bodley Head, 2014.

Otto Bardenhewer, *Patrology: The Lives and Works of the Fathers of the Church 1851 – 1935.*

Patek Philippe Watches, Vol. 1 and 2, Geneva: Patek Philippe Museum, 2013.

Peter MacDonald, *Big Ben: The Bell, The Clock and The Tower*, Gloucester: History Press, 2005.

Peter Marshall, *The Mercurial Emperor: The Magic Circle of Rudolf II in Renaissance Prague*, London: Vintage Books, 2013.

Rosemary Hill, *God's Architect: Pugin and the Building of Romantic Britain*, Yale University Press, 2007.

Sir David Lionel Salomons, *Breguet*.London, 1921.

Sir Sandford Fleming, *Terrestrial Time, A memoir*, 1876.

Sir Sandford Fleming, *Time-reckoning for the Twentieth Century*, Montreal: Dawson Bros Montreal, 1886.

Stacy Perman, *A Grand Complication: The Race to Build the World's Most Legendary Watch*, London: Atria Books, 2002.

Stephen Turnbull, *The Samurai and the Sacred: The Path of the Warrior*, London:Osprey, 2009.

Wilkie Collins, *Armadale*, London: Penguin Classics, 1866.

Ye, *Shilin Yanyu, The Stone Forest,* Beijing: Zhonghua Shuju, 1984.

期刊文章

Cartier in Motion, Ivory Press, 2017. Curated by Norman Foster. Authors: Jean-Pierre Blay, Alain de Botton, Bob Colacello, Norman Foster, Nicholas Foulkes, Carole Kasapi, Rossy de Palma, Pierre Rainero and Deyan Sudjic.

Critical Inquiry (1977), p101.

De Maisieres, Tome XVI, pp. 227–22.

Derek De Solla Price, "Gears from the Greeks. The Antikythera Mechanism: A Calendar Computer from ca. 80", *Transactions of the American Philosophical Society* Vol. 64, No. 7 (1974), pp. 1–70.

Emmanuel Poulle, "L'horlogerie a-t-elle tué les heures inégales, Bibliothèque de l'École des chartes

F. C. Haber, "The Cathedral Clock and the Cosmological Clock Metaphor in The Study of Time II", pp. 399–416.

Hendry, Joy "Time in a Japanese Context", Exhibition Catalogue, The Story of Time (1999).

Hoshimi Uchida, "The Spread of Timepieces in the Meiji Period", *Japan Review*, No. 14 (2002), pp. 173–92.

J. L. Hunt, "The Handlers of Time: The Belville Family and the Royal Observatory, 1811–1939", *Astronomy & Geophysics*, Vol. 40, Issue 1 (1999).

George Armstrong Kelly, "The Machine of the Duc D'Orléans and the New Politics" , *The Journal of Modern History*, Vol. 51, No. 4 (1979), pp. 667–84.

Liu Heping, "Northern Song Imperial Patronage of Art, Commerce, and Science", *The Art Bulletin*, Vol. 84, No. 4 (2002), pp. 566–95.

Louis Marquet, "Le Canon Solaire du Palais-Royal à Paris", *L'Astronomie*, Vol. 93, 1979, p. 369.

OMEGA, Speedmaster, Press information, 2015.

Patek Philippe, Geneve. Star Calibre 2000. Editions Scriptar SA.

Peter Soppelsa & Blair Stern, "Santos-Dumont's Blimp Passes the Eiffel Tower. Source: Technology and Culture", Vol. 54, No. 4 (October 2013), pp. 942–46, published by The Johns Hopkins University Press and the Society for the History of Technology.

Popular Scientist, October 1929, p. 63.

Rolex Archives, *Catalogue Rolex Oyster Wristwatches UK Market* (1958),

Roff Smith, *National Geographic* (2013).

Silvio. A. Bedini & Francis. R. Maddion, *Mechanical Universe: The Astrarium of Giovanni de' Dondi*, Transactions of the American Philosophical

Society, Vol. 56, No. 5 (1966).

Sotheby's, Important Watches, Including the highly important Henry Graves JR Supercomplication. Geneva, 11 November 2014.

Vol. 157, No. 1, "Construire Le Temps: Normes et Usages Chronologiques au Moyen Âge (janvier-juin 1999)", pp. 137–56. Published by Librairie Droz

报纸杂志

Illustrated London News, March 6, 1858.

Mark Girouard, "Rout to Revolution: The Palais-Royal, Paris", *Country Life*, January 1986.

New York Times, November 20, 1983.

"Romance and the Colour of London" in *The Times*, London, March 19, 1914.

The New Yorker, April 22, 1974.

The Times, London, December 13, 1943.

The Times, London, January 22, 2005.

Vanity Fair "On Time" (all editions).

Yanis Bitsakis, "On Time", *Vanity Fair*, autumn 2012.

网　站

Bank of England Inflation Calculator

https://www.bankofengland.co.uk/monetary-policy/inflation/inflation-calculator

Britannica

www.Britannica.com

Ferguson, James

Account of Franklin's Three-Wheel Clock, [1758], Founders Online, National Archives, last modified 13 June, 2018, http://founders.archives.gov/documents/Franklin/01-08-02-0060 [Original source: The Papers of Benjamin Franklin, vol. 8, April 1, 1758, through December 31, 1759, ed. Leonard W. Labaree. New Haven and London: Yale University Press, 1965, pp. 216–220.]

Royal Museums Greenwich

"Rehabilitating Nevil Maskelyne–Part Four: The Harrisons' accusations, and conclusions". https://www.rmg.co.uk/discover/behind-the-scenes/blog/rehabilitating-nevil-maskelyne-part-four-harrisons-accusations-and

Science Museum

David Rooney, "Ruth Belville: The Greenwich Time Lady". https://blog.sciencemuseum.org.uk/ruth-belville-the-greenwich-time-lady/

Seiko Museum

https://museum.seiko.co.jp/en/knowledge/wadokei/variety/

Smithsonian

www.smithsonian.com

University of Bologna

https://www.unibo.it/en/university/who-we-are/our-history/university-from-12th-to-20th-century

World Monuments Fund

https://www.wmf.org/project/mortuarytemple-amenhotep-iii

档　案

Breguet, Cartier, Omega, Patek

Philippe, Rolex

采 访

BBC News 15 July 2013, Vince Gaffney interviewed by Huw Edwards.

Interview with Wolfram Koeppe, Marina Kellen French Curator, European Sculpture and Decorative Arts at The Metropolitan Museum of Art, June 2018.

Interview with Daryn Schnipper, Sothebys: Senior Vice President, Chairman, International Watch Division, New York, January 2019.

Interview with Pierre Rainero, Cartier, January 2019.

图片版权

P. 3: Getty Images / De Agostini Picture Library

P. 4: Getty Images / Science & Society Picture Library

PP. 8–9: Getty Images / AFP / Frabrice Coffrini

P. 10: Alamy / Peter Schickert

PP.12–13: Hicham Baoudi

P. 14: The Royal Belgian Institute of Natural Sciences, Brussels

P. 15: The Royal Belgian Institute of Natural Sciences, Brussels

P. 15: Courtesy of the Peabody Museum of Archaeology and Ethnology, Harvard University, PM2005.16.2.318.38; Gift of Elaine F. Marshack, 2005

P. 16: National Geographic /Alexander Marshack

P. 18: Alamy / GFC Collection

P. 22: © Murray Archaeological Services

P. 22: © Crown Copyright: HES, Image No. SC 1071719

P. 23: © Murray Archaeological Services

P. 24: University of Birmingham

P. 25: Illustration courtesy Eugene Ch'ng, Eleanor Ramsey and Vincent Gaffney

P. 26: V. Gaffney et al. 2013 *Time and a Place: A luni-solar "time-reckoner" from 8th millennium BC Scotland*, Internet Archaeology 34. https://doi.org/10.11141/ia.34.1

P. 30: Alamy / Heritage Image Partnership Ltd

P. 31: Alamy / Photo 12

P. 32: TopFoto.co.uk

P. 32: Shutterstock / Zbigniew Guzowski

P. 34: Getty Images / Werner Forman / UIG

P. 35: Getty Images / Science & Society Picture Library

P. 37: Alamy / The Print Collector

P. 38: Alamy / Chronicle

P. 40: Alamy /Abbus Acastra

P. 41: Alamy / Nature Picture Library

P. 42: Alamy / The History Collection

P. 43: Getty Images / Leemage

P. 44: Antikythera Mechanism Research Project

P. 46: Photo by Malcolm Kirk, courtesy of the de Solla Price family

P. 48: Alamy / Have Camera Will Travel | Europe

P. 49: Getty Images / AFP / Louisa Gouliamaki

P. 52: Getty Images / Heritage Images / Historica Graphica Collection

P. 53: Getty Images / DeAgostini

P. 54: AKG / Rabatti & Domingie

P. 55: Getty Images / De Agostini / DEA / G. Dagli Orti

P. 56: Alamy / Vito Arcomano

PP. 60–61: Alamy / Christine Webb

P. 62: Hermann Diels, *Über die von Prokop beschriebene Kunstuhr von Gaza. Mit einem Anhang enthaltend Text und Übersetzung der ἐκφρασις ὡρολογιου des Prokopios von Gaza*, 1917

P. 67: Getty Images / Royal Geographical Society

P. 68: Wikimedia Commons. https://commons.wikimedia.org/wiki/File:Wasseruhr_Harun_al_Raschid.jpg

P. 69: Alamy / Heritage Image Partnership Ltd

P. 73: akg-images / Pictures From History

P. 74: Bridgeman Images / Pictures from History

P. 76: Getty Images / Science & Society Picture Library

P. 77: Getty Images / Science & Society Picture Library

P. 78: Joseph Needham, *Science and Civilization in China: Volume 4*, Part 2, Mechanical Engineering, p. 451

P. 79: © Maya Vision International Ltd

P. 83: Alamy / Tuul and Bruno Morandi

P. 84: Metropolitan Museum of Art / Rogers Fund, 1955 /Acc No 55.121.11

P. 85: Metropolitan Museum of Art / Rogers Fund, 1955 /Acc No 55.121.12

P. 86: Metropolitan Museum of Art / Bequest of Cora Timken Burnett, 1956 / Acc No 57.51.23

P. 91: © Bodleian Libraries, University of Oxford MS. Laud Misc. 657 fol. 047r

P. 94: Bridgeman Images / British Library

P. 95: Bridgeman Images / British Library

P. 96: 123RF / Sebastien Coell

P. 97: Bridgeman Images / Photo © John Bethell

P. 99: Alamy / INTERFOTO

P. 100: 123RF / meinzahn

P. 103: 123RF / Olena Kachmar

P. 105: Metropolitan Museum of Art /Anonymous Gift, 2009. Acc No 2009.157

P. 108: Getty Images / DEA / G. Dagli Orti

P. 110: Wilkie Collins, *Armadale*, 1866, p. 221

P. 112: akg-images / Massimiliano Pezzolini

P. 115: Alamy / Science History Images

P. 116: Getty Images / Science & Society Picture Library

P. 117: 123RF / sedmak

P. 119: Getty Images / Fototeca Storica Nazionale

P. 121: Alamy / Heritage Image Partnership Ltd

P. 122: Alamy / Peter Horree

P. 126: www.peterhenlein.de

P. 126: Alamy / Panther Media GmbH

P. 127: Getty Images / Harold Cunningham

P. 128: Stamp of the Third Reich, Germany 1942 MNH commemorating the 400th Anniversary of the Death Peter Henlein

P. 128: Alamy / Gibon Art

P. 129: Getty Images / ullstein bild Dtl

P. 132: © Trustees of the British Museum

P. 133: Photo © RMN-Grand Palais (musée de la Renaissance, château d'Ecouen) / Hervé Lewandowski

P. 134: © Trustees of the British Museum

P. 135: Getty Images / Fine Art Images / Heritage Images

P. 139: Photo © RMN-Grand Palais (musée de la Renaissance, château d'Ecouen) / Hervé Lewandowski

P. 141: © Museum of London

PP. 142–143: Alamy / Chronicle

P. 147: Alamy / Chronicle

P. 148: Getty Images / Bloomberg

P. 150: Thomas Midelton, *A Chast Mayd in Cheapeside*, frontis,1630

P. 152: Bridgeman Images / Museu de Marinha, Lisbon, Portugal / Photo © Selva

P. 153: akg-images / Fototeca Gilardi

P. 154: Alamy / World History Archive

P. 155: akg-images / Interfoto / Antiquariat Felix Lorenz

P. 157: Seiko Museum

P. 158: Library of Congress LC-DIG-jpd-00114

P. 159: Seiko Museum

P. 160: Alamy / World History Archive

P. 167: Getty Images / Science & Society Picture Library

P. 169: © National Maritime Museum, Greenwich, UK, Ministry of Defence Art Collection

P. 171:© National Maritime Museum, Greenwich, UK, Ministry of Defence Art Collection

P. 171:© National Maritime Museum, Greenwich, UK, Ministry of Defence Art Collection

P. 172: © National Maritime Museum, Greenwich, London, presented by the descendants of Nevil Maskelyne

P. 174: Getty Images / Universal Images Group

P. 174: Getty Images / Science & Society Picture Library

P. 177: Getty Images / Imagno

P. 179: Photo ©RMN-Grand Palais (MuCEM) / Jean-Gilles Berizzi

P. 180: Metropolitan Museum of Art / The Elisha Whittelsey Collection, The Elisha Whittelsey Fund, 1961, Acc No: 61.53

P. 181: Getty Images / Leemage

P. 183: Alamy / Florilegius

P. 186: Metropolitan Museum of Art. Purchase, Anna-Maria and Stephen Kellen Acquisitions Fund, in honor of Wolfram Koeppe, 2015

P. 187: Metropolitan Museum of Art. Purchase, Anna-Maria and Stephen Kellen Acquisitions Fund, in honor of Wolfram Koeppe, 2015

P. 188: Wellcome Collection, CC BY (https://wellcomecollection.org/works/p3wk83cw)

P. 189: Architect of the Capitol, US Capitol

P. 190: Getty Images / David Silverman

P. 191: Rijksmuseum, Amsterdam

P. 192: akg-images / picture-alliance

P. 194: © Collection Montres Breguet SA

P. 195: © Collection Montres Breguet SA / Xavier Reboud

P. 196: Alamy / Heritage Image Partnership Ltd

P. 199: Getty Images / Gali Tibbon

P. 202: Alamy / Chronicle

P. 203: 123RF / Victoria Demidova

P. 206: National Maritime Museum, Greenwich, London

P. 206: *Popular Science Monthly*, October 1929, p. 63

P. 207: Getty Images / Fox Photos

P. 208: Bridgeman Images / The Worshipful Company of Clockmakers' Collection, UK

P. 210: Bridgeman Images / Private Collection / Look and Learn / Peter Jackson Collection

P. 211: Alamy / Chronicle

P. 212: Getty Images / Oli Scarff

P. 213: Wikimedia Commons / Morgan & Kidd https://commons.wikimedia.org/wiki/File:George_Biddell_Airy_1891.jpg

P. 215: Alamy / Art Collection 3

P. 216: Vaudrey Mercer, *The Life and Letters of Edward John Dent, chronometer maker, and some account of his successors*, Antiquarian Horological Society, 1977

P. 217: Alamy / The Picture Art Collection

P. 218: Alamy / World History Archive

P. 218: Alamy / Antiqua Print Gallery

P. 219: Getty Images / Daniel Berehulak

P. 221: Alamy / Jon Arnold Images Ltd

P. 222: Alamy / Elizabeth Whiting & Associates

P. 225: Science Photo Library / Miriam and Ira D. Wallach Division of Art, Prints and Photographs / New York Public Library

P. 228: Library of Congress LC-USZ62-42699

P. 229: Getty Images / Science & Society Picture Library

P. 230: Getty Images / Science & Society Picture Library

P. 233: Shutterstock / BeautifulBlossoms

P. 238: Getty Images / UniversalImagesGroup

P. 240: Getty Images / Popperfoto / Bob Thomas

P. 241: Getty Images / Print Collector

P. 243: Cartier / © Paul Tissandier

P. 246: Topfoto / RogerViollet

P. 247: *Revista Moderna* No 30, April 1899, Anno III, p. 252

P. 249: Archives Cartier Paris © Cartier

P. 250: Vincent Wulveryck, Collection Cartier © Cartier

P. 252: Courtesy Jaeger-LeCoultre

P. 253: Jaeger-LeCoultre Reverso Patent 1931 @ Jaeger-LeCoultre Patrimony

P. 255: © Antiquorum Genève SA

P. 255: Getty Images / Bettmann

P. 259: Courtesy Sotheby's

P. 261: Courtesy Sotheby's

P. 262: Courtesy Sotheby's

P. 264: Courtesy Sotheby's

P. 265: Alamy / Chronicle

P. 267: Courtesy Sotheby's

P. 270: Getty Images / AFP / Fabrice Coffrini

P. 274: Getty Images / Museum of Flight Foundation

P. 275: Rolex

P. 276: Rolex

P. 277: Rolex

P. 280: Alamy / Pictorial Press Ltd

P. 280: Advertising Archive

P. 281: Getty Images / F. Roy Kemp

P. 288: Alamy / RGB Ventures / SuperStock

P. 290: NASA

P. 291: NASA

P. 292: NASA

p. 294: NASA

p. 295: NASA

作者和出版社已经尽一切努力联系本书图片的版权人并标出版权归属。如果有任何错误或遗漏，我们很乐意在后续的版本中更正。

致 谢

首先我要向伊恩·马歇尔（Ian Marshall）致以最深的谢意，他在我发给他的提案中发现了我想要写书的想法，并且做了大量的工作，促成这本书的诞生。如果没有他的远见卓识，就不会有这本书了。他本人以及他在西蒙与舒斯特公司（Simon and Schuster）的同事们都给予我很大的帮助，他们所给予的信任和鼓励令我尤为感激。担任我的作品经纪人长达几十年的路易基·博诺米（Luigi Bonomi）是值得信赖的朋友和充满智慧的顾问，他具有圣人般高尚的情操，会包容我的个性，尽可能地消解我的疑虑。感谢我的助理维尼夏·斯坦利（Venetia Stanley）所付出的努力和坚持，她不知疲倦地奔走于世界各地的博物馆、档案室和大学院校，成为那里的熟客，或许大家都对她有些害怕了。

为我提供了重要帮助的馆长、专家和历史学家有：大都会艺术博物馆欧洲雕塑馆玛丽娜·凯伦馆长[①]沃尔弗拉姆·克佩（Wolfram Koeppe）；苏富比高级副总裁，国际钟表部主席达琳·施尼佩尔；布拉德福德大学教授文森特·加夫尼，伦敦博物馆馆长黑兹尔·福赛思，比利时皇家自然科学研究所人类学馆长帕特里

①玛丽娜·凯伦·法兰奇（Marina Kellen French）是艺术的热心支持者和慈善家，她是大都会艺术博物馆的董事，担任欧洲雕塑和装饰艺术委员会的主席。2012年，为感谢她对大都会艺术博物馆欧洲雕塑馆馆长职位的资助，该馆将此职位的名称改为“玛丽娜·凯伦馆长”（Marina Kellen Curator）。

克·塞马尔（Patrick Semal），开罗埃及文明国家博物馆馆长阿卜杜勒拉赫曼·奥斯曼（Abdelrahman Othman）和他的团队。

鉴于我人生的很大一部分时间都花在了钟表事业上，所以我真的应当感谢整个钟表行业，感谢它的存在，并不断制作出精美绝伦的作品，成为对本书中所述钟表的一种传承。感谢百达翡丽公司和泰瑞·斯登，不仅感谢他们对于自己公司的历史作品的深刻见解，还要感谢其设立的关于便携式钟表历史的别具特色的博物馆，任何路过日内瓦的游客都不应错过。在世界的另一头，精工在其博物馆中收藏了各种精美的钟表，感谢该公司的员工对我书写日本江户时期的钟表章节所提供的帮助。此外也要感谢劳力士、卡地亚、积家、欧米茄和宝玑等公司的档案部门提供的帮助。

在写作本书期间，我还遇到了业内许多极为热心和友善的人，包括安世文（Raynald Aeschlimann）、奥瑞尔·巴克斯（Aurel Bacs）、让·克劳德·比弗（Jean Claude Biver）、阿诺·博特斯（Arnaud Boetsch）、尼古拉斯·鲍斯（Nicolas Bos）、克里斯多夫·卡鲁特（Christophe Carrupt）、维吉尼·舍瓦耶（Virginie Chevailler）、劳伦特·费尼欧（Laurent Feniou）、克里斯汀·弗利纳（Kristen Fleener）、杰克·福斯特（Jack Forster）、西比勒·盖拉多·耶麦（Sibylle Gallardo Jammes）、伊莎贝尔·热尔韦（Isabelle Gervais）、哈耶克家族（Hayek family）、安妮·霍尔克罗夫特（Annie Holcroft）、许炜（Wei Koh）、玛丽·乐莫尼耶（Marine Lemonnier）、法比安·卢波（Fabienne Lupo）、萨拉·农齐亚塔（Sarah Nunziata）、佩特罗斯·普鲁托帕帕斯（Petros Protopapas）、皮埃尔·雷纳（Pierre Rainero）、约翰·里尔登（John Reardon）、

凯瑟琳·雷尼耶(Catherine Renier)、卡尔-弗里德里希(Karl-Friedrich)、卡洛琳·舍费尔(Caroline Scheufele)、贾斯米娜·斯蒂尔(Jasmina Steele)、西里尔·维聂隆(Cyrille Vigneron)、戴维德·特拉克斯勒(Davide Traxler)、帕特里克·韦尔利(Patrick Wehrli)和罗伯特·威尔逊(Robert Wilson),以及其他众多人士,请原谅我无法在此逐一具名致谢了。